KB059253

인류의
미래를 바꿀
유전자
이야기

인류의 미래를 바꿀

유전자 이야기

초판 1쇄 발행 2020년 4월 27일
　　3쇄 발행 2023년 5월 15일

지은이 김경철
펴낸이 오세인 | 펴낸곳 세종서적(주)

주간 정소연
편집 최정미 | 디자인 김진희 | 인쇄 천광
마케팅 임종호 | 경영지원 홍성우

출판등록 1992년 3월 4일 제4-172호
주소 　　서울시 광진구 천호대로132길 15, 세종 SMS 빌딩 3층
전화 　　경영지원 (02)778-4179, 마케팅 (02)775-7011 | 팩스 (02)776-4013
홈페이지 www.sejongbooks.co.kr | 네이버 포스트 post.naver.com/sejongbooks
페이스북 www.facebook.com/sejongbooks | 원고 모집 sejong.edit@gmail.com

ISBN 978-89-8407-788-1 03470

누구나 손쉽게 할 수 있는
개인 맞춤 유전체 검사가 여는
새로운 세상

인류의
미래를 바꿀
유전자
이야기

김경철 지음

맞춤 의학의 시대, 건강한 사람을 더 건강하게!

당화 혈색소 6.5! 이는 당뇨 환자에게는 매우 의미가 큰 수치이다. 현재 당뇨병에 관해 의료계에서는 당뇨 환자를 정상인으로 만들거나 혹은 더 이상 당뇨가 악화되지 않도록 엄청난 금액의 의료비를 투입하여 생활 습관 관리, 공복 혈당, 당화 혈색소 관리를 하고 있다. 만약 건강한 사람 혹은 경계Border Line에 있는 사람들의 당화 혈색소가 6.49에서 6개월 뒤에 6.2로 내려가고 1년 뒤에 6.0으로 내려가서 이 수치가 계속 유지된다면, 혹은 간 수치인 GOT, GPT 수치가 더욱 좋아져서 건강한 사람이 더 건강해진다면 어떤 일이 생길까?

이제까지의 의료는 건강한 사람은 건강을 유지하는 것이 당연한 것이고 어떠한 보상도 없었다. 만약, 경계에 있는 사람이 건강해진다면! 건강한 사람이 더 건강해진다면! 그리고 사람들이 더 건강해짐에 따라 지역의 의사, 일반인들이 건강에 대한 보상으로 국가나 사회로부터 사회적인 보상과 혜택을 받게 된다면 어떤 현상이 벌어질까?

현재까지의 의료는 아픈 사람을 치료하고 관리하는 것에 집중되어 왔다. 환자 1, 건강인 9의 인구 구조에 반하여, 현재 집행되는 의료비는 환자에게 9, 건강인에게 1이 투입되는 구조이다. 즉, 환자 1에게 대부분의 비용이 투입되고, 대다수 건강인에게는 극히 적은 비용이 투입되는 구조이다. 이러한 의료비 투입 구조를 9:1이 아닌 5:5로 혹은 3:7로 만드는 것은 어떨까? 즉, 건강한 사람이 더 건강해지도록 만들자는 개념이다. 건강한 사람이 더 건강해지고, 경계에 있는 사람이 정상이 되면 궁극적으로 개인을 넘어서 사회, 국가가 건강해지며 의료비는 획기적으로 절감될 것이다. 이제는 의료의 개념이 바뀔 시기가 되었다. 지금까지 대중에게 평균적으로 처방되는 보편적 의학의 개념이었다면, 이제는 개개인에게 맞는 맞춤 의학의 시대이다. 또한, 환자 위주로 집중되어 온 치료비 개념의 의료비가 건강한 사람이 더 건강해지면 사회적 보상을 주는 개념으로 바뀌는 것이다. 바야흐로 개인, 사회, 국가가 보다 건강해지는 시스템으로 변하는 시대가 임박하고 있다.

이렇듯 놀라운 의학적 혁명을 이끄는 많은 글로벌 리더들이 하나둘씩 나오고 있다. 의사이면서 유전체를 이해하고 이를 바탕으로 맞춤 의학, 정밀 의학을 선도하는 의사가 한국에도 있다. 연세대 의대, 보건학 석사, 노화 과학 박사를 거쳐 보스턴 터프츠Tufus 대학에서 영양 유전학, 후성 유전학을 공부한 김경철 원장이 새로운 의료 혁명을 이끄는 대표적인 글로벌 리더 중 한 명이다.

김경철 원장의 신간은 생명공학을 알고자 하는 일반인부터 유전체학 전문가 그리고 현업에서 사람들을 치료하고 헌신하는 의사들에게까지 이 어려운 학문에 대한 쉬운 이해와 큰 깨달음을 주는 책이다. 이렇게 소중한 책에 추천사를 실을 수 있어 정말 기쁘다. 이 책을 통하여 많은 젊은 학생들이 의료와 과학에 대한 꿈을 키우고 새로운 영역에 멋진 도전을 하는 계기가 되길 바란다.

신상철 이원다이애그노믹스(EDGC) 공동대표이사

일상생활과 접목한 알기 쉬운 유전자 이야기

현재 주요 선진국들은 노인 인구 증가에 따른 국가 의료비 부담을 줄이기 위해 의료 시스템을 치료에서 예방 중심으로 전환시키는 데 주력하고 있다. 예방 의학의 핵심은 유전체에 있다. 의료 선진국들은 수십만에서 수백만에 이르는 자국민 유전체를 분석하고, 인공지능 기술을 활용해 그동안 축적한 공공 의료 데이터 및 임상 데이터 등과 종합적으로 접목시켜 cure(치료)에서 care(예방) 시대로의 전환을 서두르고 있다. 이러한 각 나라별 특성에 맞는 최적화된 예방 의학 시스템을 정착시키기 위한 움직임은 특정 병원이나 소수 기업 차원을 넘어 국가 차원의 핵심 사업 National key initiative으로서, 4차 산업 혁명 시대의 키워드로 부상하고 있다. 이 같은 시점에서 출간된 『인류의 미래를 바꿀 유전자 이야기』는 일반인들이 유전체를 어렵게 생각하지 않고 일상생활과 접목시켜 쉽게 이해할 수 있도록 도와준다는 점에서 의미가 크다.

병원 진료 현장뿐만 아니라 유전체 분석 기업에서 상품 개발 등의 경험을 가진 김경철 원장의 탁월한 인사이트를 통해, 글로벌 유전체 연구가 지난 50여 년간 어떤 흐름들 속에서 진행되어 왔는지 한눈에 볼 수 있다. 더 나아가 4차 산업 혁명 시대를 살아가는 많은 사람들이 어떻게 하면 자신의 DNA 정보를 참조해 더 종합적이고 과학적인 헬스케어를 받고 질병을 사전에 예측하며 예방할 수 있는지 그리고 DNA라는 과학적 단서를 가지고 더 건강한 삶을 살아갈 수 있는지에 대한 유익한 정보를 얻을 수 있다.

국내 유전체 분석 기술은 10여 년 전인 2009년경부터 연구개발이 본격적으로 시작되면서 지속 발전해 나가고 있으며, 세계에서 5번째로 휴먼 게놈 지도를 해독하는 등 글로벌 R&D 경쟁에서도 선두권을 유지해왔다. 그러나 지난 수년간 계속되어 온 국내 유전체 관련 규제로 인해 우리나라는 이제 글로벌 유전체 시장에서 앞선 국가들의 연구개발 수준을 따라잡기에는 역부족인 현실에 이르렀다. 하나의 신성장 산업이 국가 차원에서 육성되기 위해서는 연구개발과 함께 실제 상용화된 서비스가 균형감 있게 싹을 틔울 수 있는 기반과 지원 체계가 필요하다. 병·의원 및 연구 중심 기업, 정부 등이 협업할 수 있는 강력한 제도와 생태계eco-system 조성도 필수적이다. 그러나 우리나라는 각 집단별 이익을 하나로 모으지 못하고 있고 강력한 컨트롤 타워가 없어 결과적으로는 국민의 편익 및 국가 경쟁력 중심의 정책을 구현하지 못하고 있다. 대표적인 개인 유전체 검사인 DTCDirect To Consumer 서비스, 즉 비의료기관용 소비자 대상 직접 유전자 검사 서비스가 우리나라에서 허용된 것은 2016년 6월이다. 그리고 그간의 서비스 경험을 바탕으로 2020년 1분기부터는 운동, 영양, 피부미용, 비만 등 더 확대된 웰니스 항목들에 대해서도 추가적인 서비스가 가능해질 전망이다. 다소 늦은 감이 있지만 이런 확대 흐름이 정부와 병원 그리고 기업이 국민의 헬스케어 증진과 국가 경쟁력 강화를 위해 힘을 합칠 수 있는 계기가 되고, 더 나아가 우리나라가 4차 산업 혁명 시대의 리딩 국가로 도약하는 발판이 되길 기대한다. 끝으로 본 도서가 독자들의 건강관리 및 관련 산업에 대한 이해에 도움이 되고, 유전체 강국 대한민국을 만드는 데 일조할 수 있기를 바란다.

황태순 테라젠이텍스 바이오연구소 대표

의료계와 산업계를 아우르는 균형 잡힌 유전체 정보

글로벌 유전체 시장은 2023년 27억 달러(약 3조 원)에 달할 것으로 예상된다. 유전체 산업은 디지털 헬스케어 분야를 가장 선두에서 이끌고 있으며 빠른 성장세를 자랑하는 분야라고 할 수 있다. 국내에서도 2020년 초, 소비자가 직접 검사를 의뢰할 수 있는 유전체 검사 항목 관련 규제가 완화되고 있는 등 긍정적인 변화가 일어나고 있다. 반면, 유전체 검사 결과의 해석에 대한 사회적, 윤리적 우려 또한 제기되고 있는 상황이다.

유전체 시장에 대한 관심과 우려가 교차하는 가운데 김경철 원장은 의료계와 산업계 양쪽을 균형감 있게 이해하고 있는 국내에 몇 안 되는 전문가이다. 김경철 원장은 가정의학과 전문의로서 환자를 봐 온 임상의이며 세계적으로 권위 있는 유전학 연구기관인 터프츠 대학에서 영양 유전학 및 후성 유전학을 공부한 유전체 의학 전문가이다. 또한 유전체 기업에서 부사장으로 사업을 이끌어 본 경험이 있는 사업가이기도 하다.

이 책의 전반에는 김경철 원장의 유전체 시장에 대한 균형감 있는 시각이 녹아 있다. 유전체 의학과 관련한 최신 지견에 대하여 지나치게 학문적인 접근보다는 체감할 수 있는 사례와 주제들로 잘 구성되어 있다. 내용의 깊이가 절대 얕지 않음에도 불구하고 간결한 문체와 친절한 설명은 일반인 입장에서도 쉽게 이해할 수 있도록 돕는다.

나는 현재 글로벌 모바일 헬스케어 기업인 눔의 한국과 일본 대표를 맡고 있다. 눔은 휴먼 코칭과 인공지능 기술을 결합해 모바일 플랫폼을 기반으로 개인 맞춤형 건강관리 서비스를 제공하고 있다. 김경철 원장과 함께 유전체 검사를 기반으로 유전적 위험 요인을 파악하고 이를 기반으로 개인 맞춤형 건강 목표를 설정하는 방식의 서비스를 시범적으로 출시해본 경험이 있다. 단순히 검사만 하고 끝나는 것이 아니라 결과를 기반으로 구체적인 건강관리 방안까지 제시한다는 측면에서 시장의 좋은 반응을 확인할 수 있었다.

우리 회사뿐만 아니라 다양한 건강관리 서비스 분야와 유전체 기업의 시너지가 기대되는 시점이다. 이 책에 대한 추천사를 남기게 되어 큰 영광으로 생각한다. 이 책을 통해 더 많은 일반인, 학생, 전문가들이 새로운 분야에 대한 지식과 혜안을 얻어 가길 희망한다.

김영인 눔코리아/눔재팬 대표이사

스마트한 건강관리 솔루션으로 DTC의 대중화에 앞장선다

"사람은 태어나기도nature 하지만 만들어지기도nurture 하는 것이다."

김경철 박사의 신간, 『인류의 미래를 바꿀 유전자 이야기』에서 후성 유전학 epigenetics에 대한 설명 중 사용된 표현을 발췌한 것이다. 유전자가 발현됨에 있어 사람의 행동이 어떻게 영향을 미칠 수 있는지를 보여주는 대목이다.

"You are what you eat."이라는 유명한 말이 있다. 매일 먹는 음식이 사람을 만드는 데 결정적인 역할을 한다는 것이다. 우리가 섭취하는 영양과 생활 습관은 건강하고 행복한 삶에 직접적으로 커다란 영향을 미친다.

2018년 자사는 김경철 박사가 임원으로 재직했던 유전체 분석 선도 기업, 테라젠이텍스와 함께 한국에서 유전자 검사 건강관리 서비스인 젠스타트Gene Start를 출시하였다. 젠스타트는 합리적인 가격에 개인의 유전자 구조, 식습관 및 생활 습관을 분석해주는 휴대용 유전자 검사 키트다. 이를 통해 자사는 맞춤형 영양 솔루션의 수준을 한층 높이고, 고객의 영양 및 웰니스 목표를 더욱 효과적으로 지원할 수 있게 되었다.

젠스타트가 성공적으로 상용화된 데는 이 서비스의 개념 확립부터 출시까지 전 과정에 참여한 김경철 박사의 지원과 헌신이 단연 큰 역할을 했다. 김경철 박사는 소비자 직접 유전자 검사Direct to Customer, DTC의 대중화에 앞장선 인물이다. 그리고 DTC 교육을 통해서 대중에게 생소하고 복잡한 유전자 및 유전학 개념을 쉽게 전하고, 한때 유전학자와 기타 전문가의 전유물이었던 유전자 검사를 부담 없이 접할 수 있도록 하기도 했다.

김경철 박사의 신간 『인류의 미래를 바꿀 유전자 이야기』에는 김 박사의 DTC 교육에서도 그러했듯이, 지금까지의 유전학 연구, 유전체학 지식, 항노화 의학 발전상이 흥미롭고 이해하기 쉬운 언어로 정리되어 있어, 독자들이 막연하거나 복잡하기만 했던 개념을 일상생활과 쉽게 연계해 볼 수 있다.

맞춤 영양 유전학 시대를 맞아 더욱 건강하고 알찬 삶을 원하는 모든 사람에게 길잡이 역할을 할 도서에 축사를 싣게 되어 대단히 조심스러우면서도 영광이라는 생각이 든다.

이 책을 통해 보다 많은 사람이 자신의 유전적 특성을 이해하고 생활 습관 및 식습관에 관심을 가져, 각자에게 맞는 영양 섭취를 할 수 있을 것이다. 이를 통해 본인이 추구하는 웰니스 목표를 속히 달성하는 데 도움을 받을 수 있기를 바란다.

정영희 한국 허벌라이프 대표이사

삶의 질을 좌우하는 건강 장수에 주목하라

내가 유전자에 관심을 갖게 된 계기는 개인적 건강 문제 때문이다. 남들보다 월등하게 건강한 편은 아니었지만 별다른 병치레 없이 나름대로 건강만큼은 염려하지 않고 살아오던 터였는데 2016년 무렵, 극도의 스트레스로 시달리던 중 갑작스레 불어난 체중 때문에 건강에 적신호가 켜지는가 싶더니만 급기야 대사 질환 진단을 받게 되었다. 죽음의 4중주라고도 하는 고지혈증, 당뇨, 고콜레스테롤증, 고혈압이 한꺼번에 찾아왔고 이때까지 앞만 보고 내달려 온 내 인생은 일대 위기를 맞게 되었다.

당시 대사 질환 판정이 더 충격적이었던 이유는, 평소 술과 담배도 안 했고 비교적 건강한 생활 습관을 유지하고 있다고 여겼는데 뜻밖에 이런 일이 내게 일어났다는 사실을 납득하기 어려웠기 때문이다. 생각이 많아지던 그때 문득, 돌아가신 선친께서 평소 건강하셨다는 사실 그리고 말년에 뇌졸중과 파킨슨씨병으로 고생하셨던 일을 기억하게 되었다. 이러다 머지않아 나도 대사 증후군에 그치지 않고 아버지처럼 중병에 걸리는 것은 아닐까 두려움이 엄습했다.

이때부터 나의 '유전자와 건강한 삶 사이의 상관관계'에 대한 공부가 시작되었다. 결론부터 말하자면 나의 건강은 지금 완전히 회복되었고, 삶의 커다란 위기를 겪으며 얻은 통찰 덕에 과학적으로 건강관리를 서비스하는 헬스케어 스타트업을 창업하게 되었다.

인류는 의식주 같은 생존의 기본 문제로부터 자유로워지자 삶의 질을 좌우하는 가장 중요한 조건으로서 '건강 장수'에 주목하고 있다. 4차 산업 혁명의 핵심 키워드 역시 '건강'이며 유전자 진단이나 맞춤 치료, IoT 기반 스마트 헬스케어 등으로 기술적 성취 또한 이루고 있다. 매년 라스베이거스에서 열리는 국제전자제품박람회CES의 2020년 화두 역시 '맞춤' 건강이다. CES가 공개한 미국소비자기술협회CTA 선정, '인류의 미래를 바꿀 5가지 뉴 패러다임 기술 트렌드' 중 2개가 이와 관련된 디지털 테라퓨틱스DTx와 맞춤 식품에 대한 것들이다. 그 내용을 들여다보면 결국 유전자 검사 등을 통해 개인의 기질적 특성을 파악하여 취약한 질환을 예측하고, 예방적인 섭생과 개인별 맞춤 건강관리를 하겠다는 것과 다름없다. 여기에 더해 IoT, 빅데이터, 웨어러블 기기 등 첨단 스마트 기술까지 접목, 활용된다면 드디어 진시황도 염원했던 '무병장수'의 세상이 도래할 것이라는 이야기다. 이 거대한 담론의 중심에 '유전자'라는 키워드가 자리 잡고 있다고 해도 과언은 아닐 것이다.

사실 우리는 오래전부터 유전 현상에 대해 막연하게나마 이해하고 있었다. "집안 어르신들 가운데 특정 암에 걸리신 분이 많았다면 나도 그 암에 걸릴 확률이 높을 것이다."라는 식으로 말이다. 왜 어떤 이는 소주 두 병을 마셔도 끄떡없는데 누구는 와인 반 잔만 마셔도 몸을 못 가누는 차이가 생길까? 인삼처럼 좋다고 알려진 약재도 사람에 따라서는 오히려 독이 될 수 있다는 주장은 근거가 있을까? 휴먼 게놈 프로젝트 이후 폭발적으로 증가한 유전학적 지식 및 유전체와 질병, 약물 간의 상호 작용 연구 성과들 덕분에 예전에는 짐작만 했거나 잘못 알고 있었던 생리적 메커니즘의 상당 부분이 속속 밝혀지고 있다. 이에 따라 앞으로는 유전 정보를 활용해 정밀하게 개인의 건강 상태를 진단하고 이를 기초로 체계적인 식이조절, 운동 추천, 습관 개선 등 맞춤 건강관리 서비스를 제공하는 시대가 열릴 것으로 전망된다.

거대한 변화의 물결이 일 때, 그 속에서 일어나는 일들의 의미를 제대로 읽어내어 나아갈 방향을 정확히 제시하는 선구자의 역할은 매우 중요하다. 불모지나 다름없던 국내에 일찍이 유전체 의학의 중요성을 역설해온 김경철 박사의 새 책 『인류의 미래를 바꿀 유전자 이야기』는 이미 우리 곁에 온 미래의 급물살 가운데 길을 잃고 싶지 않은 독자라면 전공 불문하고 누구나 필독해야 할 책이라고 생각된다. 특히 자칫 어렵고 복잡한 이야기로 흐를 수 있는 주제임에도 불구하고 특유의 친근하고 간결한 필체로 쉽게 풀어 쓴 만큼 미래 세대인 청소년들에게도 일독을 권하고 싶다.

저자는 유전체 의학 분야에서의 독보적 전문성과 풍부한 의료 서비스 임상 경험을 바탕으로 유전체 정보 기반 스마트 헬스케어 비즈니스 영역에서도 커다란 기여를 하고 있다고 알려져 있다. 이번 저서 출간 시점과 맞물려 국내에서도 확대된 DTC 유전자 검사 서비스가 일반에 제공되기 시작할 것이라는 반가운 소식이 있다. 또한 유력 매체들도 앞다퉈 유전자 검사의 의의나 향후 의료, 산업계에 미칠 영향에 대해 전망하는 특별 프로그램을 방영할 예정이라고 한다. 그동안 유전체 헬스케어 인식 확대에 사명감을 갖고 헌신해 온 김경철 박사의 열정과 혜안이 비로소 진가를 인정받게 되는 것 같아 헬스케어 비즈니스 종사자의 한 사람으로서 진심으로 기쁜 마음이 든다.

손동수 건강관리 플랫폼 회사 에이바이오테크놀로지 대표

휴먼 게놈 프로젝트가 선물해준 자기 주도적 건강관리 시대

KBS 〈생로병사의 비밀〉을 진행하고 있었던 2003년 6월, 휴먼 게놈 프로젝트가 완성되었다는 소식을 접했다. 인류의 숙원이었던 생로병사의 비밀이 풀리는 순간이었다. 그러나 단 한 사람의 비밀을 풀기 위해 13년이라는 오랜 기간과 3조 원의 비용이 들었던 초대형 프로젝트였으므로 마치 닐 암스트롱이 달에 착륙했다는 뉴스처럼 신기했을 뿐 생활 뉴스로 다가오지는 않았다. 그러다가 우리의 현실로 성큼 다가온 것은 그로부터 10년 후 할리우드 여배우 안젤리나 졸리가 유전자 검사 결과와 가족력을 고려해 유방 절제술을 감행했다는 뉴스를 접했을 때였다. 매우 충격적이었다. 그녀가 〈뉴욕타임스〉에 'Diary of a surgery' 라는 제목으로 기고한 글을 보면서 수술을 결정하기 위해 얼마나 많은 고심을 했는지 전문가들과 얼마나 신중히 이야기를 나누었는지 알 수 있었다.

그녀는 "비록 이런 결정이 쉬운 일은 아닙니다. 그러나 나의 건강에 대해 내가 스스로 통제하는 것이 가능하며 어떤 일이 생기든 정면으로 맞서야 합니다. 조언을 구하고 해결책을 공부하고 당신에게 가장 옳은 결정을 내려야 합니다. 아는 것이 힘입니다."라고 글을 마무리했다.

그로부터 또 7년의 세월이 흘렀다. 이제 할리우드 스타가 아닌 개인도 수일 안에 자신의 유전자 지도를 알 수 있을 정도로 검사 비용도 낮아지고 서비스 접근성도 좋아졌다. 그러나 유전자가 절대적인 것이 아니라 후천적인 환경과 생활 습관에 의해서 이 유전자가 발현되지 않을 수도 있다는 사실 또한 알게 되었다. 휴먼 게놈을 알기 위해 엄청난 투자를 하고서야 알게 된 사실이라는 점이 너무 힘이 빠지는가? 그렇지 않다. 자신이 타고난 유전자를 정확히 알았을 때 내가 어떻게 나를 관리하고 살아야 할지 정답을 알 수 있기 때문이다. 그래서 바야흐로 2020년은 맞춤 의학의 시대가 열리고 있는 것이다.

　　이 책의 저자인 김경철 박사는 나의 주치의이다. 과로와 스트레스로 갑상선 항진이 생겼다. 이 병은 자가 면역 질환이라 갑상선 호르몬 수치가 정상으로 돌아오더라도 한 번 흐트러진 면역 체계가 완전히 복구되지 않으면 자꾸 재발한다. 나 역시 치료 6개월 만에 다시 재발하여 기존의 치료를 받았던 대학병원이 아닌 꾸준히 관리할 수 있는 병원과 의사 선생님을 찾았고 그래서 만나게 된 분이 김경철 박사이다. 김경철 박사는 갑상선 항진 치료제 외에도 여러 가지 검사를 시행하여 치료제와 영양제를 맞춤 처방해 주었다. 병원에 가서 병이 아닌데 생기는 고통스러운 증상들－잠을 깊게 못 잔다, 잠에서 깰 때 근육통이 느껴진다, 머리가 좀 멍할 때가 있다 등등－을 주의 깊게 듣고 몇 가지 검사를 시행하니 내가 왜 이런 증상을 느꼈었는지 답이 나오고 해결책이 나왔다. 갑상선 항진 증상도 빠르게 좋아져서 현재는 정기적인 피검사를 하며 관찰만 하고 있는 상태이고 마치 꾀병 같았던 많은 증상들이 사라져서 하루하루 삶의 질이 높아졌다. 그리고 이 기쁜 소식을 친구들에게 알렸다. 비슷한 고민이 있었던 중년의 친구들이 박사님을 만난 후 나와 같은 해답을 얻었다. 몸에 좋다는 비타민을 비롯한 각종 영양제를 하루 한주먹 이상씩 먹어도 숟가락 하나 들 힘이 없다고 호소하던 친구가 개인 맞춤 처방을 통해 약을 줄이고도 오히려 효과를 톡톡히 보기도 했다.

　　『트렌드 코리아 2020』에 따르면 2019년 트렌드에 '나나랜드', 2020년에는

'초개인화 기술'이라는 키워드가 있다. 인간의 모든 역사는 '개인화'의 방향으로 가고 있다. 의학의 발전 역시 예외가 아니다. 질병을 치료하던 시대에서 질병을 앓고 있는 사람을 고려하여 치료하는 맞춤형의 시대, 이것이 2003년 휴먼 게놈 프로젝트가 선물한 미래가 아닌가 싶다. 신의 영역이라 생각했던 당신의 유전자 정보를 비롯한 다양한 건강 정보는 이제 좀 더 자기 주도적인 건강관리를 할 수 있도록 도와준다. 이 책을 읽고 나면 모든 것이 더욱 분명해질 것이다.

오유경 KBS 전 아나운서, 〈생로병사의 비밀〉, 〈아침마당〉 등 진행

차례

Part 1. 의사가 알려주는 유전체 이야기

Part 2. 내 몸 사용 설명서, 맞춤 유전체 시대

Part 3. 유전자로 질병을 예측하고 진단할 수 있을까?

유전자가 당신의 미래를 바꾼다

그렇게 잡고 싶었던 화성 연쇄 살인범이 드디어 잡혔다. 1986년부터 1991년까지 경기도 화성 일대에서 벌어진 연쇄 살인 사건. 30년이 넘도록 그 많은 희생자들을 죽인 범인을 잡지 못해 영원히 미제로 남을 것만 같았던 이 사건은 우리에게 잘 알려진 영화 〈살인의 추억〉의 모티프가 되기도 했다. 사건이 벌어진 지 무려 30년이 흐른 후, 이미 공소시효마저 지난 2019년에 마침내 범인 이춘재를 검거한 것이다. 그는 놀랍게도 다른 사건으로 수감 생활을 하고 있어 세상을 발칵 뒤집어 놓았다. 30년 전에는 DNA 분석 기술이 없었는데, 다행히 머리카락이나 범인의 체취와 같은 부분들이 나중에 DNA 분석이 되었다. 특히 전체 수감자들의 DNA를 채취한 덕분에 일일이 전국의 재소자들을 추적한 끝에 마침내 용의자의 DNA와 매칭이 되었던 범인을 잡을 수 있었던 것이다.

만약 화성 살인 사건이 지금 시대에 벌어졌다면 범인을 그토록 잡기 어려웠을까? 범인을 잡는 데 가장 큰 초동 증거가 바로 범인의 얼굴을 추정하는 몽타주다. 만약 범인의 얼굴을 본 사람이 없고 범인의 흔적만 있다면 어떻게 될까? 최근에는 아예 몽타주 자체를 DNA로 그리는 기술도 있다고 한다. 프랑스의 국립과학수사연구소에서 현재 적용하고 있는 부분이다. 범인이 남겨 두고 간 흔적(혈액, 정액 등)에서 DNA를 추출하여 범인의 인종, 키, 피부 톤, 광대뼈나 쌍꺼풀의 여부, 곱슬머리인지 직모인지 등을 예측하여 범인의 몽타주를 그리는 시대가 오기 시작한 것이다. 국내에서는 KIST가 작년부터 국가연구사업으로 잃어버린 미아를 찾기 위해 수십 년이 지난 모습을 예측하는 데 DNA 분석을 사용하고 있다.

이처럼 놀라운 현대 유전학 기술의 진보는 우리를 빠르게 미래 사회로 안내하고 있다. 사람마다 다른 유전 정보의 총합이란 뜻의 '유전체' 데이터들의 분석과 해석의 진보로, 우리는 이전 시대와 다른 수준의 의료를 경험할 것이다. 질병의 진단, 치료, 예측에 활용될 뿐 아니라, 일상의 소비, 운동, 먹거리 선택, 진로 결정 등에도 유전체 기반의 맞춤 일상이 가능한 시대가 오고 있다.

유전학에는 크게 두 가지 의미가 있다.

우리가 유전(遺傳)이라고 했을 때, '유전'은 부모님의 성질이 자녀들에게 넘어가는 것을 이야기한다. 엄마들이 보통 "어쩜 너희 아빠와 이렇게 똑같이 닮았니?"라고 말하는 것은, 좋은 뜻이 아닐 수도 있다. 성격이나 행동들이 내가 싫어하는 아빠의 특징과 똑같다는 것을 발견할 때 흔히 엄마들의 투덜거림이 생기는 것이다. 종종 진료실에 처음 보는 모녀가 왔을 때 굳이 딸이라고 말하지 않더라도 생긴 모습이 너무 똑같아서 '어쩜 이렇게 닮았을까? 정말 유전자의 힘이구나.'라는 생각을 하곤 한다. '과연 아이들이 사소한 모든 부분들까지 날 닮았을까?' 하는 부분에 간혹 놀라기도 하는데, 이처럼 생김새, 개인의 특성, 성질뿐만 아니라 질병 또한 유전된다. 흔히 말하는 가족력은 부모의 질병이 대를 이어 자녀들에게도 유전된다는 것을 의미한다. 아빠의 DNA는 정자를 통해, 엄마의 DNA는 난자를 통해 양측 부모의 성질이 넘어오기 때문에 유전은 대체로 이러한 (성질이 넘어가는) 의미로 사용하게 되는 것이다. 이와 같은 유전적 법칙을 통해 DNA 분석을 하면 개인의 질병을 미리 예측하는 것이 가능하다. 할리우드의 유명한 여배우 안젤리나 졸리의 예가 그것이다. 그녀는 유방암을 일으키는 BRCA라는 유전자의 변이가 있음을 알고 질병이 생기기 전에 유방을 절제해서 사람들을 놀라게 했다. 이처럼 앞으로 내 인생에 치매가 걸릴 확률은 몇 %이고, 심장병이 발생할 수 있는 확률은 몇 %인지도 예측할 수 있다. 무섭게 느껴지는가? 그러나 이는 단지 유전적 위험일 뿐이다. 운동을 하면 그 위험이 얼마나 줄어들고, 특정 음식을 통해 그 위험이 또다시 줄어든다는 맞춤 예방의 가이드라인을 받는다면 어떨까? 보다 똑똑하게 자신의 질병을 예방하는 시대가 오는 것이다.

동시에 유전자 연구의 또 하나의 중요한 지점은 사람마다 유전자가 다르다는 것이다. 흔히 서로 닮은 사람을 볼 때 '도플갱어'라는 표현을 쓰지만, 자세히 보면 일란성 쌍둥이를 제외하고는 그 누구도 똑같은 사람은 세상에 없다. 일란성 쌍둥이를 제외하고는 유전자가 전부 다르고, 유전자 변이가 누구도 같을 수 없기 때문에 현재 70억 인구뿐만 아니라 과거와 미래의 인류 중 나와 똑같이 생긴 사람은 없다고 보면 된다. 사람마다 다르다는 지점은 개인별로 유전자 변이가 다르기 때문이다. 누구는 커피를 마시면 잠을 못 자고, 누구는 술을 마시면 얼굴이 빨개진다. 이런 점들은 학습이나 의지의 결과가 아닌 사람마다 가지고 있는 다른 체질이다. 누구는 아침에 일찍 일어나는 아침형 인간early bird이고, 누구는 밤 늦게까지 잠을 안 자는 올빼미형 인간night owl이다. 이런 특징조차도 유전자에 의해 영향을 받는데, 나만의 체질을 잘 알면 자신의 장점을 극대화시킬 수 있을 것이다. 나에게 맞는 음식, 나에게 맞는 약물, 나에게 맞는 피부 관리, 나에게 맞는 운동 코칭 등을 통해 새로운 소비가 일어날 것이다. 나를 아는 만큼 똑똑한 소비가 가능해진다.

　이처럼 DNA는 두 가지, 즉 부모의 형질이 넘어온다는 것과 사람마다 다르다는 것을 내포하고 있기 때문에 DNA에는 무궁무진한 가치가 있다. 이어지는 이야기들을 통해, DNA 분석의 발전이 어떻게 나의 인생을 바꿀 것이고, 더 나아가 인류의 운명까지 바꿀 것인지를 살펴보겠다. 이 책을 다 읽고 난 후 여러분에게 미래는 더 가까이 와 있을 것이다.

PART 1

의사가 알려주는
유전체 이야기

미래 의학의 핵심 '5P 의학'

2003년 휴먼 게놈 프로젝트가 완성된 이후, 유전체 의학은 불과 20년 도 되지 않아 많은 발전을 이루어왔다. 그로 인해 개인의 유전적 소인 에 맞추어 진단과 치료가 되는 맞춤 유전체 의학 시대가 도래하고 있 다. 유전체 학문과 산업의 발전이 가져온 미래 의학을 한마디로 5P 의 학이라 부른다.

개인 맞춤 의학 Personalized Medicine

개인 맞춤 의학이란 개인의 유전적 특성의 차이를 고려하는 맞춤 치료 방법이라 할 수 있다. 우리는 종종 프로크루스테스 신화처럼 침대를 사람에게 맞추는 것이 아니라, 침대에 사람을 맞추는 우를 범하고 있다. 즉 침대 사이즈에 맞춰 큰 사람은 잘라서 죽이고, 작은 사람은 늘려서 죽이는 것이다. 많은 현대 의학들이 평균적인 치료에 매몰되다 보니 사람마다 다른 편차에 대해 치료하는 것이 아니라 평균에 사람을 맞추는 방식을 찾게 된다. 현대 치료는 모두가 똑같은 평균 치료를 받게 되면서 사람에 따라 약물 투여로 인해 부작용이 심하거나 도움이 전혀 되지 않는 경우도 있다. 이전의 치료는 진료 방식도 표준화되고 평균화된 치료 지침에 따라 환자를 맞추는 방향으로 전개되었다. 그 결과, 똑같은 약물 처방이 어떤 사람에겐 효과를 내지 못하고 어떤 사람에겐 너무 과한 효과를 내서 독이 되기도 했다. 최근에는 항암제를 처방할 때 유전자 변이를 먼저 검사하고 유전자 변이에 따라 다른 항암제를 사용한다.

아무리 좋은 영양제나 음식일지라도 누구에게는 잘 맞아도 누구에겐 맞지 않을 수 있다. 필자가 보스턴 터프츠 대학 영양 유전체 연구소에서 연구했던 분야도 사람마다 유전자에 따라 특정 영양제가 필요하기도 하고 불필요하기도 하다는 맞춤 영양 부분이었다. 미래에는 유전자 검사를 통하여 사람마다 다른 약물을 투여하고 식이를 적용하는, 진정한 의미의 맞춤화된 의료가 가능하다. 기성복이 아닌 맞춤 치료를 한다는 의미에서 재단 의학tailored medicine이라는 표현을 쓰기도 한다. 이처럼 향후 맞춤 의학, 맞춤 건강관리는 유전자 연구의 발전과 더불어 더욱 발전할 것이다.

예방 의학 Preventive Medicine

현대 의학의 또 다른 특징은 예방 의학이다. 치료 중심의 의학에서 예방 그리고 건강 증진 중심의 의학으로 변하고 있는 것이다. 이는 기대 수명이 100세로 예상되는 고령화 사회에서 가장 중요한 보건 사업이 건강한 100세, 즉 질병을 최소화하고 개개인이 최대한 건강하게 살 수 있도록 예방 의학이 새롭게 활성화될 것임을 의미한다. 과거에는 아픈 사람들을 위한 의료비 지출이 대부분이었는데 최근에는 건강한 사람들이 질병에 걸리지 않도록 하는 건강 행위와 관련한 지출이 점점 커지고 있다. 지금까지 병원에서 하는 치료는 철저하게 질병 중심으로, 환자가 병원에 오고, 의사가 중심이 되어 진료를 하는 전통적 의미의 구심적인 병원(시스)이라 할 수 있었다.

예전에 근무했던 차움 병원에서는 진료 대기 중인 사람들이 환자라고 불리는 것을 매우 싫어했다. 의사인 내가 "다음 환자 오세요."라고 하면 환자들이 들어오지 않는다. 생각해보면 필자보다도 훨씬 건강하고 운동도 많이 하는 분들이었기 때문에 환자(患者)라고 불리는 것이 싫었던 것이다. 할 수 없이 "다음 고객님 오세요."라고 말할 정도로 건강한 분들이 병원을 찾는 시대인 것이다. 이제는 구심적인 병원이 아니라 원심적인 병원이라는 표현도 쓴다. 아픈 사람은 할 수 없이 전문적 진단과 치료가 있는 병원으로 와야 하지만, 아프지 않은 사람들은 건강을 유지하기 위해 굳이 병원으로 오지 않고 병원 밖의 삶의 현장에서 건강에 대해 전문가들의 의견을 듣는다. 질병 disease 중심에서 건강

healthcare 중심으로 바뀌기 때문에, 의사 중심의 치료 행위가 소비자 중심의 건강 행위로 전환되는 예방의 시대가 되는 것이다. 점점 많은 사람들이 100세를 사는 시대가 되어가면서 건강한 100세를 꿈꾼다. 그렇기 때문에 '무엇을 먹을까, 어떠한 운동을 할까'와 같은 예방적인 활동에 대해 더 많은 전문가들이 필요한 시점이 되어가고 있다.

예측 의학 Predictive Medicine

나아가 미래 의학은 예측 의학의 시대가 될 것이다. 즉 개인이 어떤 질병에 걸릴 것인지를 미리 예측하고 나아가 어느 시기에 걸릴 것인지를 알려주어 사람마다 다른 예방법으로 대처하도록 도와준다. 이는 마치 내일 비가 올 확률을 미리 예측하여 생활의 불편함을 최소화하려는 일기 예보처럼 일생에서 질병이 올 확률을 미리 예측하고 대비할 수 있게 해주는 것을 의미한다. 날씨가 좋은 날에는 우산을 들고 돌아다니는 사람들이 아무도 없을 것이다. 당연히 일기 예보를 통해 비가 오지 않는다는 사실을 알고 있기 때문이다. 비가 올 확률이 높으면 비를 피하기 위해 우산을 준비하는 것처럼 아직 일어나지 않은 어떤 일에 대해서 사람들이 미리 예측하고 행동하는 시대가 올 것이다.

갑자기 응급실로 실려 가고, 말기 암을 진단받는 등의 갑작스러운 일들은 정밀 의학, 유전체 의학의 발달로 점차 줄어들 것이다. 조기 검진도 늘어나고, 나아가 많은 위험 요인들이 자신의 질병을 예측해주기 때문이다. 유전자 검사를 통해 자신만의 특정 소인들, 질병 위험도를 예측하는 시대가 열렸다. 이런 예측 의학을 가능하게 만드는 것이 날 때부터 타고난 개인의 특성을 알려주는 유전자 연구의 발전이다. 지난 10여 년 동안 전장유전체연관분석 Genome-Wide-Association-Study, GWAS 중심으로 소수 유전자 마커를 통해 질병을 예측해왔다면 최근에는 딥러닝 방식의 빅데이터 분석을 통하여 보다 정교한 질병 예측을 시도하고 있다. 또한 유전자뿐 아니라 생활 습관 등 다른 예측 인자까지 함께 사용하여 진정한 의미의 질병 위험도 계산이 가능해지고 있다.

할리우드의 유명 배우 안젤리나 졸리가 유전체 검사를 통해 유방암의 위험도를 미리 알고 예방적 유방 절제술을 했던 것처럼, 이제는 어떤 질병의 위험도가 높으면 이를 예측하고 예방하는 시대가 올 것이다.

참여 의학 Participatory Medicine

미래 의학의 또 다른 형태로 참여 의학이 있는데 이는 종전에 의료의 수혜자로만 여겨졌던 환자가 의료의 공급자인 의사와 대등한 위치에서 자신의 정보를 공유하고 능동적으로 건강을 유지한다는 개념이다. 의료 소비자는 자신의 정보를 제공할 뿐 아니라, 자신의 정보를 능동적으로 활용하게 되며, 미래 의학에선 더 이상 병원 중심이 아니라 환자 혹은 소비자 중심의 진료 형태가 주를 이룰 것이다. 국내에서도 2020년에 소비자 직접 유전자 검사Direct to Customer, DTC가 웰니스 항목을 중심으로 확대될 예정이다. 또한 다양한 디지털 헬스케어 상품들이 소비자들의 라이프 로그 데이터를 수집하고 분석하는 서비스를 행하고 있기 때문에 이러한 참여 의학은 더욱 창의적으로 세분화될 것으로 보인다. 지금까지는 병원에 오면 의사들에게 모든 검진 기록을 남기고, 자신의 검진 기록마저도 소비자가 신분증을 들고 와야만 떼 줄 수 있는 병원 중심의 데이터 시대였다. 병원에서 질병 데이터를 만드는 것보다 훨씬 많은 일상의 데이터들(라이프 로그 데이터), 즉 매일 먹고 움직이는, 신체의 반응과 같은 데이터는 병원에 들렀던 찰나에 기록할 수 없는 정보이다. 따라서 수많은 라이프 로그 데이터와 유전체 데이터들을 살펴보는 디지털 헬스케어의 발전에 따라 소비자들이 자신의 데이터를 의사에게 보여주지 않으면 진료가 되지 않는 시대가 올 것이다.

또한 유전체 데이터들은 용량이 매우 크고 정보가 광범위해서 병원의 저장 장치에 보관하기가 어렵다. 보관한다 해도 짧은 진료실 환경에서 그것을 해석하기가 어렵다. 유전체 데이터 같은 빅데이터는 결국 데이터의 주권인 소비자 자신에 의해 보관되고, 이 데이터를 의사가 열람해야 온전한 진료가 가능하다. 따라서 환자는 더 이상 진료의 대상이 아니라 함께 진료의 주체가 된다는 의미에서 참여 의학이라고 부르는 것이다.

정밀 의학Precision Medicine

마지막으로 토탈오믹스Totalomics 기반의 정밀 의학이다. 토탈오믹스
란 게놈 정보를 필두로 RNA 발현 정보, 후성 유전학 정보, 단백질과
대사체 정보, 마이크로바이옴 정보 등 인체에서 얻을 수 있는 각종 유
전체 정보와 임상 정보 등을 통해 보다 정확한 진단과 맞춤 치료를 정
밀하게 이루어낸다는 개념이다. 특별히 암의 진단과 치료에 놀라운 성
과를 거두고 있는데, 조직 내에서 얻어낸 DNA를 차세대 염기서열Next
Generation Sequencing, NGS로 분석하여 암을 일으킨 체세포 변이에 맞추
어 항암제를 선택하는 동반 진단, 맞춤 치료는 이미 급여 적용이 되고
있다. 또한 혈액 내에서 떠다니는 유리 DNACell free circulating DNA, cfDNA

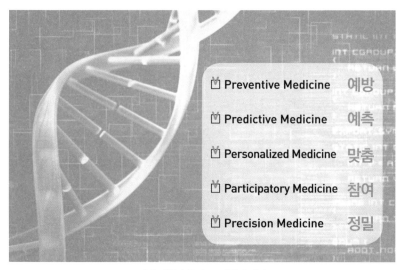

미래 의학의 특징 5P 의학의 개념

를 분석하여 암을 조기에 진단하는 액체 생검이 활발한 연구를 거쳐 임상 적용의 목전에 있다. 3세대 항암 치료제라고 하는 면역 항암제 역시 개인별 맞춤 치료를 위해 유전체 분석을 하는 시대가 곧 열릴 것이며 유전자 기반의 신약 개발도 더욱 박차를 가하고 있다.

이처럼 유전체 기반의 5P 의학의 발전은 건강한 100세의 핵심 개념이며 치료의 중심을 병원이 아닌 개인으로 이동하여 똑똑한 소비자들의 능동적 건강 행위를 요구한다. 이런 건강한 소비자들이 건강하고 활기찬 사회를 이루어갈 것을 기대한다.

평범한 의사에서
유전체 전문가가 되기까지

나를 포함해 비슷한 또래 대부분의 의사들은 의과대학에서 유전체 의학에 대해서는 배우지 못했다. 학생 때만 해도 유전자라는 개념은 '멘델의 법칙'이라든지, 초파리를 이용한 형질의 변화 정도의 지식을 배운 것이 전부이다. 당시만 해도 유전자에 대해 잘 알지 못하던 시절이었고, 희귀 질환을 제외하고는 대부분의 질병에 유전자와 관련된 연구가 많지 않던 시절이었다.

2003년 휴먼 게놈 프로젝트가 완성되던 시기에 나는 가정의학 전문의이자 대학병원도 아닌 강서 미즈메디 병원의 평범한 외래 과장으로 봉직의 생활을 하고 있었다. 다만 연세대학교 보건대학원에서 휴먼 게놈 프로젝트가 완성되었다는 이야기를 들었을 뿐이었다.

유전자 공부는 우연한 계기로 시작되었다. 우연히 집에 굴러다니는 잡지가 눈에 들어왔는데, 2005년 1월 〈뉴스위크〉 한국판이었다. 커버스토리에서 "Diet & Genes(영양과 유전)"라는 주제를 심층적으로 다루었다. 유전자에 따라 영양과 다이어트를 달리한다는 연구들이 실렸고, 나아가 음식이 유전자를 바꾸어 암을

Diet & Genes(출처: 〈뉴스위크〉, 2005)

예방할 수 있다는 내용도 소개하고 있었다. 특히 흥미로웠던 내용은 미래의 어느 레스토랑에 가면 종업원이 타액을 통해 유전자 검사를 먼저 하고 10분 뒤에 유전자 검사 결과에 따른 맞춤 식단이 나온다는 내용이었다. 놀라움과 흥분을 감추지 못하며 단숨에 읽어 내려갔는데, 〈뉴스위크〉는 이 분야에서 가장 앞서나가고 있는 보스턴 터프츠 대학의 호세 오도바스Jose Ordovas 박사를 소개하고 있었다. 혹시나 해서 인터넷을 통해 알게 된 그분의 이메일 주소로 '한국에 와서 강의를 한 번 해줄 수 있겠냐'라고 연락을 취했는데 덜컥 오신다는 답변을 들었다. 30대 초반의 일개 봉직의가 이런 세계적 대가를 초청할 돈도 없고 사람을 모을 능력도 없었는데, 이 소식을 들은 미즈메디 병원의 노성일 이사장님께서 코엑스 호텔을 예약해주셨고, 당시 박사 과정이었던 연세대학

교 노화 과학 이종호 교수님께서 비행기 티켓을 구해주셨다. 당시 얼마 되지 않은 유전자 관련 회사, 대학의 교수님들을 찾아가 세미나 강의를 부탁하고 나 역시도 강의를 준비해서 국내에서 첫 번째로 영양 유전체 Nutrigenomics 심포지엄을 열게 된 것이 그해 8월이었다.

이 일이 계기가 되어 그 다음 해인 2006년에 호세 오도바스 박사가 있는 터프츠 대학으로 연수를 떠나게 되었다. 대학병원 교수가 아닌 일개 봉직의가 해외 연수를 떠난다는 것은 당시 매우 드문 일이었지만, 이 새로운 학문에 대한 끌림은 나를 어느덧 낯선 미국의 연구소로 가도록 만들었다. 돈도 없고 영어도 못했지만 무엇보다 가장 큰 어려움은 유전자에 대한 지식이 전혀 없었다는 점이다. DNA 구조도 네이버에서 검색해가며 알게 되었고, 시퀀싱과 지노타이핑이라는 부분도 모두 처음부터 배워가야 했다. 그러나 뛰어난 경험과 지식을 갖고 있던 미국의 동료들은 친절하게도 이 동양에서 온 초보자에게 처음부터 하나씩 설명해주고 나를 유전체의 세계로 빠르게 인도해주었다. 덕분에 당시 박사 과정 중에 쓰려고 했던 골다공증 유전체 논문도 훌륭하게 완성할 수 있었고 새로운 실험들과 데이터 분석 등을 배워갈 수 있었다.

이듬해에는 옆방의 후성 유전학 연구실에서 나를 스카우트했는데 그곳에서 DNA 메틸화라는 당시에는 최첨단의 연구를 하게 되었고, 1년 사이에 세 편의 논문도 쓸 수 있었다. 그 연구소의 책임 연구자는 서울대 의대 출신 최상운 박사였는데 훗날 차의과 대학으로 초청받아 오면서 나를 추천해주어 나 역시 차의과 대학 차움으로 가게 되었다.

청담동에 위치한 차움과 판교에 들어선 차의과 대학 차바이오 연구소를 오가며, 진료와 연구를 할 수 있는 최고의 경험이 이어졌다. 차움에서는 당시 꽤 비싼 유전체 검사들을 비교적 어려움 없이 많이 처방하고 직접 상담하면서 점차 유전체에 대한 임상 경험을 넓혀갔다.

차움에서 겪었던 특별한 경험이 있다면, 그곳에 있던 고급 식당에서 유전체 검사에 따른 식단을 구성하여 멋진 음식을 제공하는 프로그램을 직접 지휘했던 일이다. 예를 들면 유전자에 따라 엽산B9을 강조하여 시금치 재료를 더 많이 넣고, 불포화지방산이 풍부한 지중해식으로 메인 요리를 구성하고, 우유 불내성 유전자가 있는 사람에게는 우유가 포함되지 않은 후식을 준비하는 등이었다. 2005년 〈뉴스위크〉에서 읽고 꿈꾸었던 미래를 직접 앞당겨 선보인 것이다.

이런 경험을 바탕으로 수원 광교에 있는 테라젠이텍스 바이오연구소에서 임원으로 와달라고 요청이 와서 고민 끝에 학교를 떠나 새롭게 유전체 사업에 뛰어들게 되었다. 2년 동안 부사장 등을 역임하면서 소비자 입장에 맞는 제품 개발과 연구들을 주도하였고, 국가 과제에 도전하여 성과도 냈다. 또한 의사와 소비자들을 대상으로 수많은 강의들을 하면서 유전자 전도사로 나서게 되었다. 2005년 첫 심포지엄 이후 유전자와 관련된 수백 번의 강의를 해오면서 의사들과 대중에게 유전자에 대해 널리 알리기 위해 노력해왔다. 나 역시 보스턴에서 아무것도 모르는 시절에 친절하게 알려주었던 동료들 덕분에 이 새로운 학문을 이해할 수 있었기에 지금도 누군가의 강의 요청이 있으면 늘 거절하지 않고 달려가는 편이다.

테라젠이텍스에서의 2년은 어렵게만 느껴졌던 암 정밀 의학의 최첨단 지식과 분석법을 가장 앞선 현장에서 배울 수 있었던 감사한 시간들이었다. NGS 분석, 싱글셀 분석, 마이크로바이옴 분석, 나아가 암 면역 백신, 유전체 기반 약물 개발 등 의학계에서 가장 앞서 가는 학문들을 가장 가까이서 실제로 겪어보고 이에 참여한 것은 소중한 경험이었다.

2018년에는 당시 메디게이트 뉴스에 연재하고 있던 칼럼을 모아서 『유전체, 다가온 미래 의학』(메디게이트 뉴스, 2018)이라는 전문 도서를 냈고, 그 이후에도 많은 칼럼과 블로그, 심지어는 유튜브 활동까지 하면서 유전자 전도사로 활동하고 있다. 또한 2018년부터 보건복지부가 임명하는 국가생명윤리위원회 유전자 전문위원으로 활동하면서 '소비자 직접 유전자 검사DTC' 확대 및 인증제 등 유전자와 관련된 국내 정책과 법제에도 관여하고 있다.

2019년에는 테라젠이텍스를 나와서 대치동에 있는 강남 메이저 병원(구. 강남 미즈메디) 경영원장으로 돌아왔다. 회사가 아닌 현장에서 유전자를 통한 맞춤 의료를 실현하고 싶었기 때문이다. 특히 항노화를 목표로 기능 의학적 접근을 하는 헬시에이징 센터를 책임지면서 질병이 아닌 건강, 치료가 아닌 예방 의학 중심의 신개념 진료를 접목하고 있는 중이다. 여전히 이원다이애그노믹스EDGC 등 유전체, 바이오 회사들을 자문하면서 의료기관, 회사, 정부 등의 연결고리 역할을 하고 있다.

특별히 강남 메이저 병원에서는 2020년부터 국가 검진(국민건강관리공단 건강검진)을 하는 40세 이상의 모든 검진 대상자에게 유전체 검사를 무료로 해주는 게놈 프로젝트를 이원다이애그노믹스와 진행하게 된다.

이를 통해 심혈관 질환 및 치매 등의 예측 모형을 만들어 예방 의학의 의료 서비스를 선도적으로 도입하고자 한다.

불과 15여 년 전에 우연히 잡지를 통해 알게 된 유전자 지식, 거기서 출발한 여정들이 오늘날 나를 유전자 전도사로 만들어주었다. 이와 같은 유전자 지식을 처음 접하는 독자들은 놀랍기도 하고, 또 어려울 수도 있을 것이다. 그러나 이 책을 통해 누군가의 지식에 변화가 생기고, 누군가의 건강 행동이 바뀌고, 누군가의 질병을 예방하고자 하는 것이 나의 바람이다. 때로는 나처럼 4차 산업 시대의 새로운 지식을 바탕으로 하는 진로를 설정하는 데 도움이 되는 경우도 있을 것이다. 그렇게 새로운 지식으로 무장하고 스마트한 소비와 행동을 하는 건강 소비자 Healthy Consumer들이 건강을 주도할 때 인류의 운명도 바뀔 것으로 기대한다. 당신이 바뀌면 인류가 바뀌는 것이다.

유전자 연구의
태동부터 발전까지

인간 세포의 핵 안에 있는 DNA, 이 초미립 단위의 물질이 사람들과 인류의 운명을 결정한다는 사실을 알게 된 것은 대략 150여 년 전이다.

1860년대 스위스 생리화학자인 프리드리히 미셰르가 DNA라는 물질을 처음 발견했다. 당시 독일에서 활동하던 미셰르는 병원에서 수술한 환자의 붕대에 묻어 있는 고름에서 백혈구 세포를 채취하고, 이로부터 단백질을 추출하던 중이었다. 그런데 인산 성분이 매우 높고, 단백질 분해 효소로 분해되지 않는 물질을 발견하게 된다. 당시 미셰르는 이 물질을 '뉴클레인nuclein'이라고 이름 붙였는데, 이것이 오늘날 우리가 알고 있는 DNA다.

수년 뒤 그레고 멘델은 분꽃을 이용한 실험으로 유명한 '멘델의 유전 법칙'을 발표했다. 유전에 대한 이론적 기초가 세워지자, 과연 유전자의 정체가 무엇인지에 대한 과제가 떠올랐다. 유전 정보를 다음 세대에 전달하는 물질이 무엇이냐는 것이다. 처음에 학자들은 아데닌A, 티민T, 구아닌G, 사이토신C의 불과 4종류의 염기로 구성된 DNA보다 복잡한 정보를 가진 단백질을 유전 물질로 지목했었다.

계속된 연구결과로 DNA가 유전 물질이라는 사실이 거의 정설로 굳어졌지만, DNA가 어떤 물질인지 구조는 어떤지 어떤 방법으로 유전정보를 담는지는 여전히 베일에 싸여 있었다. 베일에 싸인 DNA 연구에 풋내기 과학자 2명이 뛰어들었다. 바로 제임스 왓슨과 프랜시스 크릭이다.

잘 알려진 바와 같이 제임스 왓슨과 프랜시스 크릭이 나선형 구조의 DNA를 발견한 것은 1953년이었다. 1953년 4월, 제임스 왓슨과 프랜시스 크릭은 유전 정보를 다음 세대로 전달하는 물질인 DNA의 구조가 이중나선형이라는 내용의 논문을 〈네이처〉에 발표했다. 이로부터 9년 뒤 이들은 생물학계의 가장 중요한 수수께끼를 푼 공로를 인정받아, DNA의 구조를 밝히는 데 기여한 또 다른 과학자 모리스 윌킨스와 함께 노벨 생리의학상을 수상하게 된다. 아쉽게도 DNA가 이중나선 구조임을 알려준 X선 회절 사진을 찍어 이 연구에 결정적인 역할을 한 여성 과학자 로잘린드 프랭클린은 노벨상 수상 당시 이미 사망하여 수상을 하지 못하게 되었다.

DNA 분석의 한 획을 긋는 시퀀싱의 최초 발명자는 프레더릭 생어 박사이다. 프레더릭 생어는 단백질의 아미노산 서열을 분석하는 방법

1953년	1962년	1970년	1975년	1978년
제임스 왓슨 프랜시스 크릭	**모리스 윌킨스 제임스 왓슨, 프랜시스 크릭**	**하워드 테민 데이비드 볼티모어**	**프레더릭 생어**	**해밀턴 스미스 베르너 아르버, 대니얼 네이선스**
DNA 이중나선 구조 발견, 〈네이처〉에 발표	노벨 생리의학상 수상 DNA의 X선 사진을 찍은 로잘린드 프랭클린은 사망해 수상자에서 제외	RNA에서 DNA를 합성하는 '역전사효소' 발견	유전체 염기서열 최초 해독. 바이러스의 DNA를 해독하고 DNA 분자해석법 개발	DNA를 자르는 가위 역할을 하는 '제한효소'를 발견해 유전공학 발전에 기여. 노벨 생리의학상 수상

을 개발해 호르몬 인슐린이 아미노산 51개로 이뤄졌음을 밝혀 1958년 노벨 화학상을 받았다. 그리고 20여 년 뒤 이번에는 핵산(DNA와 RNA) 의 염기서열을 해독하는 방법을 고안해 1980년 노벨 화학상을 받았다. 그가 발명해낸 것은 생어 시퀀싱Sanger sequencing이라는 DNA 해독 기술이다. A(아데닌), T(티민), G(구아닌), C(사이토신)으로 구별되는 염기에 형광 물질을 붙여서 구별해내고, 질량의 차이를 통해 분석하는 방식인 생어 시퀀싱은 가장 정확한 방식의 염기서열 분석법으로 훗날 휴먼 게 놈 프로젝트를 수행하는 기본 방법으로 쓰였다. 이는 오늘날 차세대 염

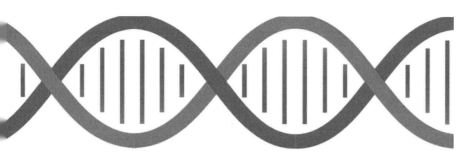

1993년	1994년	2000~2003년	2010년	2012년
캐리 멀리스 마이클 스미스 DNA를 복제해 무한정 늘리는 유전공학 기술인 '중합효소 연쇄반응 (PCR)'을 개발해 노벨 화학상 수상	레너드 애드먼 'DNA 컴퓨팅' 개념 등장. DNA의 화학적 성질을 이용해 연산 수행	휴먼 게놈 프로젝트 2000년 치초이 휴먼 게놈 지도 초안 완성 2003년 완벽한 휴먼 게놈 지도 완성. 인간의 유전자가 2만 5,000개 미만임을 확인.	크레이그 벤터 미국 크레이그 벤터 연구팀 최초의 합성 생명체 탄생. 박테리아의 DNA를 합성해 다른 박테리아에 삽입	미국국립 휴먼 게놈연구소 단백질을 반늘지 않는 유전체 부위에 대한 '엔코드 프로젝트' 결과 공개

DNA 연구의 역사(<동아사이언스> 참고)

기서열 분석NGS이 보편화되고 있음에도, 논란이 있는 염기서열 분석
에서 최종 검수로 사용되는 소위 말하는 '골드 스탠다드' 격의 검사법
이다.

DNA 분석이 실험실 환경을 넘어 대량 분석이 가능하도록 만든 결
정적인 분석 방식은 중합효소 연쇄반응-Polymerase Chain Reaction, PCR이
다. 스티븐 스필버그 감독의 공룡 SF 영화 <쥬라기 공원>이 개봉한 바
로 그해인 1984년, 이 영화에서 소개된 과학기술이 노벨 화학상을 받

아 화제가 됐다. 그 주인공은 바로 'PCR' 기법을 개발한 미국의 캐리 멀리스다. 영화 속에서 과학자들은 공룡의 피를 빨아먹은 모기의 화석에서 추출한 DNA를 증폭해 멸종한 공룡을 부활시켰다. 이때 공룡 DNA의 각 부분을 증폭하는 기술이 바로 PCR이다. PCR은 DNA의 양이 아주 적어도 원하는 특정 부분을 수만~수십만 배로 증폭할 수 있는 생명공학 기술이다. 증폭에 걸리는 시간도 2시간 정도로 짧을 뿐만 아니라 단순한 장비로 간단히 사용할 수 있다는 장점이 있어서 20세기 후반 최고의 생명과학 기술 중 하나로 꼽힌다.

생어 시퀀싱, PCR 등의 게놈 분석법이 생물학자들에 의해 발전했지만, 대규모 데이터의 연산 처리는 컴퓨터의 도움 없이는 불가능하다. 즉 30억 개의 염기, 약 1천만 개 미만의 사람마다 다른 유전자 변이는 모두 A, T, G, C라고 하는 유전자 코드의 조합에 의해 특정지어지고 해석되며 저장될 수 있는데, 이런 DNA 컴퓨터의 개념을 1994년에 처음 제안한 사람은 컴퓨터 공학자 레너드 애드먼이다. 이후 바이오인포매틱스Bioinformatics 학문의 발달로, 유전자 연구는 더 이상 생물학적 영역이 아닌 컴퓨터 과학의 영역으로 진입하게 되었다. 이후 이 분야는 생물정보학이라는 학문으로 발전했으며 최근에는 DNA를 분석하고 저장하며 연산하고 다시 활용하는 데 핵심 기술로 자리 잡고 있다.

그러나 1990년대 기술로 인간의 전체 DNA를 해독하는 것은 쉬운 일은 아니었다. 생어 시퀀싱이라는 기술이 있어서 해독은 가능하나, 문제는 30억 개 전체 염기를 분석하려면 막대한 돈과 시간이 필요하다는 것이었다. 이것이 바로 다음에 기술하는 휴먼 게놈 프로젝트를 통해 마침내 실현되었다.

유전자 연구는 그 이후에도 계속되고 있다. 지금은 한 해에 2,600만 개의 논문, 23만 건의 임상 연구가 실시되는 거대한 메가 트렌드의 연구와 산업으로 자리 잡았는데, 이런 태동기의 창의적인 과학자들의 헌신과 노력들이 인류 문명의 거대한 진보를 가져오게 되었다.

인류 최고의 프로젝트,
휴먼 게놈 프로젝트

2003년 6월 미국의 클린턴 대통령과 영국의 블레어 총리는 휴먼 게놈 프로젝트의 완성을 선언하면서 "인류 역사상 가장 중요한 사건 중 하나", "신이 인간을 창조한 언어를 이해하는 과정에 들어선 사건"이라고 격찬했다. 〈네이처〉와 〈사이언스〉 등 세계적인 과학 저널과 전 세계의 언론들은 한결같이 게놈 프로젝트의 완성으로 질병을 극복하고 생명의 신비를 풀 수 있는 열쇠를 얻게 되었다는 축제의 팡파르를 울렸다. 이때 한 사람의 30억 개 게놈을 분석하는 데 들었던 시간은 무려 13년이었다. 실제 역사상 가장 많은 비용인 30억 달러(3조 원)가 들어간 거대 프로젝트였다. 1953년 왓슨과 크릭이 DNA의 이중나선 구조를 밝힌 지 불과 30여 년 후인 1985년에 미국 산타크루스의 캘리포니아 대학에서 최초로 휴먼 게놈을 해석하는 계획에 대한 논의가 시작되었다. 그 후 21세기에 세계를 주도할 핵심 기술은 생물공학임을 간파한 미국 에너지성 ODE과 국립보건연구소 NIH가 주도권을 놓고 치열한 경쟁을 벌이다가 1989년에 상호협조 각서에 서명하면서 휴먼 게놈 프로젝트에 본격적으로 착수했다. 여기에 일본과 유럽 등 6개 선진국이 함께 참여하는 다국적 거대 과학 프로젝트가 출범하게 되었다. 무수한 질병으로부터 인류를 해방시킨다는 인류애적인 연구 목적과 달리 냉전시대 미국과 소련의 경쟁 산물인 아폴로 우주 계획처럼 냉전 이후의 미국 주도 세계 질서를 유지하면서 엄청난 경제적 이득을 선점하려는 자본의 논리에서 휴먼 게놈 프로젝트가 시작되었다.

그러나 30억 개나 되는 염기서열을 당시 분석 방법인 생어 Sanger 기술로 일일이 읽어 나간다는 것은 시간이 매우 많이 드는 작업이었다. 당초 계획은 2005년에 종료되는 것을 목표로 프로젝트 시작 후 15년 정도 시간이 걸릴 것으로 예상했다. 하지만 실제 진행 과정에서는 예상보다 5년 앞선 2000년 6월 휴먼 게놈 지도의 초안이 발표되었고, 2001년 2월에는 휴먼 게놈의 90%가 파악되어 인터넷에 공개되었다. 이후 프로젝트 수행 13년 만인 2003년 4월 12일에 프로젝트가 완료되었으며, 2006년에는 99.99%의 휴먼 게놈을 밝혀낸 논문을 발표했다. 이 프로젝트에서 여자 세 명과 남자 두 명에게서 채취한 DNA 샘플을 이용하여 인간이 가진 32억 쌍의 염기서열을 밝혀내고 유전자 표지까지 삽입하여 휴먼 게놈 지도를 완성했다. 예상보다 시간이 단축된 것에는 기술적인 진보도 있었지만 다른 이유도 있었다. 제임스 왓슨과 같이 미국

1865	1900	1905	1913	1944	1953	1966	1972	1974
멘델이 유전자 법칙 발견	멘델의 논문 재발견	개롯이 인간의 선천적 대사의문제를 공식화	스터트번트에서 유전자를 첫 번째로 1차변환함	에이버리, 맥리오드, 맥카티가 DNA가 형질전환을 일으킨다는 것을 보여줌	왓슨과 크릭이 DNA의 이중나선 구조 발견	니런버그, 코라나, 홀리가 유전암호 해독	코헨과 보이어가 유전자재조합 기술 발전시킴	사람 대상 실험에 대한 벨몬트 보고서 발행

1990	1991	1992	1993	1994	1995	1996
휴먼 게놈 프로젝트 미국에서 출범 정밀의료의 ELSI 프로그램이 국립보건원(NIH)과 에너지성 (DOE)의 주도로 시작 첫 번째 유방암 유전자 (BRCA1) 발견	첫 번째 미국 게놈센터 설립	2세대 휴먼 유전자 지도의 발전 NIH과 DOE에서 신속한 데이터 방출 가이드라인 확립	미국에서 HGP를 위한 새 5개년 계획 공표 생어 센터 창설	2세대 휴먼 유전자 지도의 발전 NIH과 DOE에서 신속한 데이터 방출 가이드라인 확립	미국에서 HGP를 위한 새 5개년 계획 공표 생어 센터 창설	첫 번째 휴먼 유전 지도 확립, 휴먼 게놈 시퀀싱을 위 시범사업이 미국에서 시작됨 첫 번째 고세균 게놈이 배열됨, 효 (세레비지에, S. cerevis 게놈이 배열됨 HGP의 생쥐 유전 지도로 목표 성 HGP의 신속한 으 데이터 확립

국립보건연구소에서 유전자 분석을 하던 크레이그 벤터 박사가 미국 정부 주도의 휴먼 게놈 프로젝트를 거부하고 별도의 사설 회사인 셀레라 게노믹스를 통해 휴먼 게놈을 경쟁하듯이 분석했기 때문에 이에 위협감을 느낀 미국 정부에서 서둘러 연구를 완료하게 된 것이다.

과학 프로젝트를 둘러싼 이런 정치적, 경제적 배경을 차치하더라도 30억 개의 염기서열 구조를 완벽하게 해독하여 마치 설계도나 지도를 얻은 것은 대단한 과학적 성과임에 틀림없다. 휴먼 게놈 프로젝트의 후속 연구에 해당되는 햅맵 프로젝트Hapmap Project를 통해 북유럽계(미

1977	1982	1983	1984	1985	1986	1987	1988	1989
생어와 막삼, 길버트가 DNA 시퀀싱 기법 발전시킴	젠뱅크 데이터베이스 확립	첫 번째 인간 질병 유전자 지도- 헌팅턴병 DNA	휴먼 게놈 배열에 대한 첫 번째 대중 토론	PCR 발견	국제 뉴클레오티드 시퀀스 데이터베이스 컨소시엄 개최 근디스트로피 유전자가 위치 클로닝에 의해 식별됨 첫 번째 자동 염기서열 분석기의 발전	1세대 휴먼 유전자 지도의 발전	미국 국립 연구회의에서 휴먼 게놈 시퀀싱과 지도 보고서 발표 인공 효모 염색체(YAC) 복제기술의 발전 인간 게놈 위원회(HUGO) 설립	STS 개념도 확립 낭포성섬유증 유전자가 위치클로닝에 의해 발견

1997	1998	1999	2000	2001	2002	2003
DOE에서 합동 게놈 연구소 세움 NCHGR이 NHGRI가 됨 대장균(E. coli) 게놈이 배열됨 Genoscope(프랑스 국립유전체연구소) 설립	3만 개 유전자가 휴먼 게놈 지도에 포함됨 HGP를 위한 새 5개년 계획을 미국에서 공표 RIKEN 게놈과학센터(일본) 설립 회충(C. elegens) 게놈이 배열됨 SNP 계획 시작됨 중국 국립 휴먼 게놈센터(베이징, 싱가포르) 설립	본격적인 휴먼 시퀀싱이 시작됨 첫 번째 휴먼 염색체(염색체22)의 배열 완성	휴먼 게놈 배열의 초안이 완성됨 클린턴 대통령과 블레어 총리가 게놈 정보에 자유롭게 접근 초파리 (D. melanogaster) 게놈이 배열됨 큰다닥냉이 (A. thaliana) 게놈이 배열됨 미국 직장에서 유전자 범죄 행정명령 금지	휴먼 게놈 배열의 초안 공표 쥐테 된 개의 휴먼 cDNAs가 배열됨	생쥐 게놈 배열의 초안 완성 및 공표 뒤 게놈 배열의 초안 완성 쌀 게놈 배열의 초안 완성 및 공표	휴먼 게놈 배열의 최종 버전 완료 HGP 목적 성취

유전체 연구의 역사

국), 아프리카계(나이지리아), 아시아계(일본과 중국) 등 인종 간 DNA의 차이를 추가 분석함으로써 질병의 인종적 특징까지 파악하고 이후 이어지는 유전체 연구에 기폭제가 되었다.

이 프로젝트를 시발점으로 해서 전 세계 우수한 대학과 기업의 연구소가 유전체 지도를 바탕으로 많은 연구들의 설계를 할 수 있었으며, 기술의 진보도 이루어내고 있다. 다음에서는 어떻게 이처럼 짧은 기간에 DNA 해독이 발전할 수 있었는지에 대해 소개하겠다.

10년 사이에 100만 배,
유전자 검사의 놀라운 발전

2003년 휴먼 게놈 프로젝트가 완성되었을 때, 당시 DNA 염기서열을 자동으로 읽어주는 장비들은 지난 수십 년 동안 DNA 염기서열 분석에 기본적으로 사용된 노벨상 수상자인 프레더릭 생어가 개발한 방식이었으며, 따라서 생어 시퀀싱이라 부른다. 이러한 방식으로 휴먼 게놈 프로젝트를 수행했고, 비록 2년 단축되긴 했지만 인간의 전체 게놈을 해독하는 데는 무려 13년이나 걸렸다. 당시 경쟁자 역할을 하던 크레이그 벤터의 셀레라 게노믹스에선 유전체를 듬성듬성 찢어서 읽는 방식으로 그 기간을 4년으로 단축시킬 수 있었다.

이로부터 불과 4년 만인 2007년에 차세대 염기서열 분석 NGS이 소개되면서 6개월 만에 100만 달러(10억 원)를 들여 분석하는 쾌거를 이루었다. 2007년, 미국의 생명공학 기업가인 조너스 로스버그는 베일러 의과대학의 리처드 깁스 교수와 함께 자신의 454 라이프사이언스 회사를 통해 제임스 왓슨의 전체 유전자를 분석했다. 이때 걸린 시간은 불과 13주였으며 비용 또한 100만 달러로 현저하게 줄었다. 454라는 기계는 전체 유전자를 200여 개의 크기로 구성된 염기 조각으로 나누고, 잘게 나눈 각각의 조각을 읽어낸 후 그것을 한 줄로 이어 원래 30억 개 규모의 전체 유전 코드로 재구성하는 방식을 택했다. 이런 방식은 생어 방식과 달리 대량의 병렬 데이터 생산이 가능했는데 이러한 시퀀서를 차세대 시퀀서Next Generation Sequencer, NGS라 불렀다. 454 기계가 최초의 NGS가 되었는데 NGS의 등장은 모든 생명과학 연구자들과 의학 분야 연구자들에게 갑자기 엑솜Exome, 유전체Genome까지 이르는 방대한 DNA 데이터를 다루는 길을 열었다. NGS를 기반으로 한 유전체 분석법도 매년 바뀌고 있다고 볼 수 있을 정도로 그 발전 속도가 빠르다. 같은 해에는 김성진 박사(서울대융합기술원)의 DNA를 추출하여 아시아 최초로 분석했다. 10년이 지난 현재는 단 2일 만에 1,000달러(100만 원)의 비용으로 전장 유전체 분석을 할 수 있는 시대가 되었다.

다음의 표를 보면 짧은 시간 동안 얼마나 큰 발전이 이루어졌는지 알 수 있다. 2000년 초반 30억 달러(약 3조 원)를 들여 13년간 분석했던 시퀀싱 기술이 2007년에는 100만 달러에 4개월, 2011년에는 3,000달러에 고작 48시간밖에 걸리지 않는 상용화된 NGS가 등장했다. 최근 옥스포드 나노포어라는 회사에서는 DNA 분자가 막에 놓인 나노 크기의 구멍을 머리부터 꼬리까지 통과하며, 구멍의 이온 흐름으로 하나하나의 염기를 읽어내는 나노포어 기술로 불과 15분 만에 전장 유전체를 분석하는 기술을 선보이기도 했다. 이는 반도체 기술의 압도적인 성능 향상을 상징하는 무어의 법칙Moore's Law에 견주어, NGS가 등장한 2008년경부터는 아예 무어의 법칙을 능가하는 속도로 시퀀싱 비용이 떨어지고 분석 시간이 단축되기 시작했다. 사실은 IT 분야를 훨씬 뛰어넘는 압도적인 기술 혁신이 이 유전체 분석 분야에서 이루어지고 있었

연도	주체	기술	소요시간	비용
2000	휴먼 게놈 프로젝트	생어 시퀀싱	10년	30억 달러
2000	셀레라 게노믹스	생어 시퀀싱	4년	3억 달러
2007	크레이그 벤터 연구소	생어 시퀀싱	4년	7,000만 달러
2007	베일러 의과대학	로슈 454 (제임스 왓슨)	수개월	100만 달러
2007	베이징 게놈 연구소	일루미나, 솔렉사	수개월	50만 달러
2009	스탠포드 대학	헬리코스, 헬리스코프	수개월	48,000달러
2009	서울 의대 유전체의학연구소	일루미나, 솔렉사, 마크로젠	수개월	30,000달러
2010	컴플리트 게노믹스	컴플리트 게노믹스	수개월	4,400달러
2011	라이프 테크놀로지(ABI)	솔리드5500, NGS(2세대)	48시간	3,000달러
2012~2013	The Ion PGM™	차세대-NGS (3세대)	8시간	2,000달러
2014	옥스퍼드 나노포어(TBD)	나노포어 (4세대)	15분	1,000달러

〈표1〉 시퀀싱 분석법의 발전

던 셈이다.

세계에서 가장 많은 유전체 분석 서비스를 제공하는 일루미나의 프란시스 데소우자는 몇 년 안에 100달러(10만 원)에 유전자 분석을 하는 시대를 예고했다. 영국의 회사 옥스포드 나노포어에서는 DNA 한 가닥을 생물학적 세공 속으로 통과시키면서 전기 전도성의 차이를 측정해 다양한 염기를 판별하는 기술인 나노 시퀀싱을 선보였다. 불과 15분 만에 유전자 분석을 하고 크기도 손바닥보다 작은 기구에 불과해 현장에서 바로 유전자 분석을 할 수 있는 '현장 진단 시대'를 성큼 앞당기고 있다. 반도체 기술의 압도적인 성능 향상을 상징하는 '무어의 법칙'에 견주어 볼 때, 염기서열 분석인 시퀀싱의 발전 덕분에 같은 기간 IT 반도체 직접률의 약 1000배의 발전보다 무려 100만 배나 속도가 증가하고 가격이 인하되어, 타 기술과 비교할 수 없는 놀라운 성장을 해온 것이다.

지금은 바야흐로 빅데이터의 시대다. 빅데이터 중에 가장 발전하고 있는 분야 중 하나가 보건 의료 빅데이터이며, 이 중 가장 큰 빅데이터는 유전체 데이터다. 한 사람의 DNA를 구성하는 염기는 약 30억 쌍인데 이 염기 전체를 읽는 것을 홀게놈 시퀀싱이라고 부른다. 정확도를 높이기 위해 최소 30번 정도 반복해서 시퀀싱을 하는데 이 과정에서 생기는 데이터의 양은 약 100Gb 정도이다. 단백질을 전사하는 액솜만 분석하는 액솜 시퀀싱의 경우 생성되는 양은 약 8Gb다.

이러한 빅데이터 분석을 단시간 내 가능하게 한 기술적 발전과 놀라운 가격 인하 덕분에 이제 누구나 유전체 분석을 손쉽게 해볼 수 있게 되었다.

한 보고서에 따르면, 2017년에는 전 세계의 10만 명 정도가 전장 유전체 분석을 했으나 2025년에는 전 세계에서 약 10억 명 정도가 전장 유전체 분석을 하게 되는 것으로 예측하고 있다. 즉 지금부터 불과 5년 뒤 전 세계의 1/6, 아마도 대한민국의 성인 대부분이 전장 유전체 분석을 하는 시대가 열릴 것으로 예상되어 이를 통한 의료, 산업의 변화는 대단할 것으로 보인다.

이미 2018년 아랍에미레이트UAE 보건 당국은 전 국민 400만 명을 대상으로 전장 유전체 분석을 무료로 실시하고 있으며 영국도 암으로 내원하는 모든 환자를 대상으로 무료로 유전자 분석을 하기 시작했다. 이렇듯 놀라운 기술 발달은 이미 진료 현장에 속속들이 적용되고 있으며 향후에도 많은 의료 혁명을 일으킬 예정이다. 앞으로 이어지는 내용을 통해 바로 이러한 의료 혁명이 어디까지 와 있고 앞으로 어떤 방향으로 임상과 개인의 삶에 적용될 것인지 살펴보자.

염색체, 유전자,
유전체는 어떻게 다를까?

이 부분은 독자들에게 다소 어려운 내용일 수 있다. 의사들 중에도 유전자와 유전체의 차이를 쉽게 설명할 수 있는 사람이 별로 없을 것이다. 전문가가 아닌 독자의 경우 그렇게 깊이 알 필요는 없고 다만 반복되는 용어들이 등장할 수 있어 간단하게 개념을 정리하고자 한다(이 책 뒷부분 부록에서 기초 유전학에 관해 전문적으로 설명했으니 참고하기 바란다).

염색체, 유전자, 염기(유전체)의 차이는 무엇일까?

흔히 염색체라는 말을 들어본 적이 있을 것이다. 40세 이상 고령 산모가 아이를 낳을 때 확률이 높아지는 다운 증후군 같은 경우가 대표적인 염색체 질환에 해당된다. 그렇다면 유전자는 무엇이고, 유전자 질환은 무엇일까? 또 앞선 글에서도 자주 등장하는 염기(A, T, G, C)는 무엇일까? 쉽게 비유하면 아래 23권으로 구성된 책(브리태니커 백과사전)으로 설명할 수 있다.

즉, 책 한 권 한 권을 각각 염색체라고 할 수 있다. 염색체 질환은 이 책 한 권에 문제가 생긴 것이다. 21번째 책에 이상이 있는 것이 다운 증

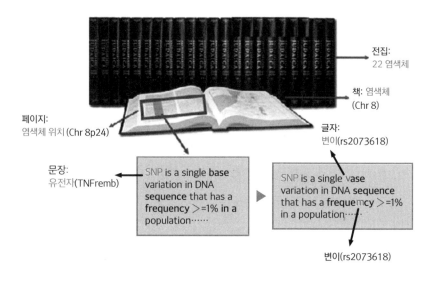

전집:
22 염색체

책: 염색체
(Chr 8)

페이지:
염색체 위치(Chr 8p24)

글자:
변이(rs2073618)

문장:
유전자(TNFremb)

SNP is a single base variation in DNA sequence that has a frequency >=1% in a population……

SNP is a single vase variation in DNA sequence that has a frequemcy >=1% in a population……

변이(rs2073618)

책 한 권(염색체) 23쌍   문장(유전자) 2~3만 개
글자(염기) 30억 개   다른 글자(변이) 1천만 개

염색체, 유전자, 염기, 변이의 차이(출처: 『유전체, 다가온 미래 의학』, 2018)

후군이고, 18번째 책 한 권이 통째로 잘못된 것이 에드워드 증후군이다. 즉 우리 몸의 DNA에는 모두 23권의 책, 23개의 염색체가 있다.

책을 펼치면 책 안에는 많은 글자가 있고, 글자들이 모여 문장이 만들어진다. 이 전집 안에는 모두 2~3만 개의 문장이 있고, 전체 전집은 약 30억 개의 글자가 있는 것이다. 즉 DNA 안에는 2~3만 개의 유전자Gene가 있으며, 30억 개의 염기Base가 있다. 이런 염기의 총량을 유전체 또는 게놈이라고 부른다.

유전자의 정의는 "한 단백질을 전사하는 최소한의 단위"이다. DNA 안에 지금까지 발견된 유전자의 개수는 대략 2만 3천 개 정도이다. 그러나 학자에 따라 2만 개 이하, 혹은 3만 개 정도까지도 유전자의 숫자를 달리 말한다. 그만큼 유전자의 기능이 모두 밝혀져 있지 않기 때문이고 상당수 유전자는 기능이 없어서 아직은 유전자 지위를 획득하지 못하고 있는 것이다.

그러나 각기 유전자는 인간의 몸을 구성하고 생리적 기능을 하게 하는 단백질을 만들기에 너무 중요하다. 이 유전자에 이상이 있으면 심각한 장애를 갖는다. 이것이 희귀 질환이라고 불리우는 단일 유전자 질환Single Gene Disorder으로 낭포성섬유증cystic fibrosis, 지중해 빈혈 thalassemia 등이다. 염색체 질환 못지않게 심각한 장애를 갖게 하는 질병인 것이다.

염기는 A(아데닌), T(티민), G(구아닌), C(사이토신)의 네 가지로 구성된 DNA의 최소 단위를 말한다. 마치 글자들이 모여 문장을 만들듯, 이 염기들이 모여 유전자를 만드는 것이다. 한 유전자는 평균적으로 1만 개 정도의 염기로 구성되며 짧은 것은 수천 개, 긴 것은 수십만 개의 염기로 구성되기도 한다. 그렇다면 모든 사람들이 똑같은 염기로 구성되어 있을까? 그랬다면 이 지구상의 모든 인류는 똑같이 생겼을 것이고 똑같은 질병을 앓았을 것이다. 그러나 인간을 창조하신 하나님은 각각의 사람을 다양하게 만드셨다. 그 누구도 똑같이 생긴 사람이 없고 모두가 다른 특성을 지니는데, 이것은 사람마다 다른 염기의 변이 때문이다. 즉 누구에게는 A가 있어야 할 자리에 T가, 누구에게는 G가 있어야 할 자리에 C로 변이된 것이다. 양쪽 부모로부터 DNA 가닥이 붙어 유전되기에, 한 위치에서 AA, AT, TT 세 가지의 게놈 유형이 생기는데 이를 유전형(지노 타입)이라 부른다. 이런 변이는 대략 300개 염기당 한 개꼴로 일어난다. 즉 30억 개 염기 중에서 1,000만 개 정도에서 사람마다 다른 변이가 생길 수 있는 것이다. 그래서 인류 간의 상동성을 99.7%라고 부르며 이 변이의 차이가 생물학적 다양성을 결정한다. 어떤 사람은 술을 먹으면 얼굴이 빨개지고, 어떤 사람은 커피를 마시면 밤에 잠을 못 잔다. 다음 파트는 바로 이 생물학적 다양성, 개인의 차이를 유전자로 설명한다.

앞의 그림에서 볼 수 있듯이, 대부분의 글자의 변이가 있어도 뜻을 해석하는 데 별 어려움 없이 지나간다. 그러나 어떤 글자의 변이는 뜻을 잘못 해독하게 만드는데, 이런 강한 변이들이 질병을 일으키는 변이들인 것이다. 이처럼 인간의 게놈(유전체)을 분석하면 나와 타인의 서로 다른 생물학적 특성을 알 수 있을 뿐 아니라 질병의 소인을 미리 알아 질병을 예측할 수 있다.

PART 2

내 몸 사용 설명서,
맞춤 유전체 시대

나에게 맞는 약물을 선택한다,
'개인 맞춤 처방' 시대

앞에서 이야기한 고대 그리스 신화에 나오는 프로크루스테스라는 거인은 아테네에 집을 짓고 살면서 지나가는 사람들을 대상으로 강도 짓을 했는데, 사람을 침대에 눕힌 뒤 침대 사이즈보다 긴 사람은 다리를 잘라 죽이고 침대 사이즈보다 작은 사람은 늘려 죽였다고 한다. 다소 끔찍한 이야기지만 현대 의학의 한 단면을 보여주는 모습이라고 할 수 있다. 즉 현대 의학은 대규모 보건 데이터에서 얻은 평균적인 지침을 강조하는 근거 중심 의학evidence based medicine에 기초하는데, 문제는 진료 현장에서 만나는 환자는 개인마다 편차가 있어 이 지침이 맞지 않는 경우가 많다는 점이다. 대표적인 경우가 약물 처방이다. 누군가에게 효과적으로 작용하는 약도 또 다른 이에게는 잘 듣지 않고 부작용만 나타나 오히려 독이 될 수 있다.

　이 이야기를 슬라이드로 만들어 맞춤 의학에 대해 강의를 시작한 것은 2005년 즈음이다. 당시 전문의를 딴 지 5년밖에 안 된 경험이 많지 않은 의사였지만, 진료실 경험이 짧더라도 교과서적인 진료와 현장의 진료가 다르다는 것을 깨닫는 데는 그리 오래 걸리지 않았다. 교과서를 포함하여 의학에서 제일 중요하게 여기는 덕목은 근거 중심 의학이다. 이는 수만, 수십만 명의 데이터에 근거하여 통계적으로 유의한 수준을 나타내는 과학적 근거에 기초한 의료 행위를 인정하는 오랜 전통을 가지고 있다. 즉 실험군 집단의 평균치가 대조군 집단의 평균치보다 통계적으로 달라야 의미가 있는 것이다. 이런 무수한 연구와 임상 실험을 거쳐서 임상 지침들이 만들어지는데 그 기준은 집단의 평균이다. 그러나 집단이 아닌, 개인으로 맞닥뜨리는 진료 현장에선 평균이 중요한 것이 아니라 편차가 중요하다. 골다공증 약을 1년 동안 먹으면 골밀도가 4~5% 증가한다는 지침이 내려와서 환자에게도 그리 설명하고 힘들게 약을 먹은 경우를 예로 들어보자. 1년 뒤 골밀도를 체크했을 때 누구는 예상보다 크게 골밀도가 증가하지만, 누구는 그만큼 증가하지 않아서 속상해하는 경우도 많다. 문제는 약 처방을 한 당일에 몸살 증상이 너무 심한 부작용이 생겨서 응급실로 오는 경우도 빈번하게 발생했다는 것이다. 누구에게 효과가 있을지 누구에게 심각한 부작용이 있을지 전혀 알 수가 없다. 나아가 또 하나, 골다공증 치료제는 장기 복용했을 때 1,000명당 3명꼴로 턱관절 괴사가 생길 수 있어 치과 치료 시 주의를 요하기도 한다. 문제는 누가 이 약에 효과가 있을지 누가 턱관절 괴사가 생길지 미리 알 수 없다는 것이다. 따라서 일단은 모두가 같은 지침을 따를 수밖에 없다.

유전체 의학의 발달은 평균 의학이 아닌 개인 맞춤 의학으로 이끌어 사람마다 약을 다르게 처방한다는 것을 의미한다. 이를 약물 유전학 Pharmacogenomics이라고 한다. 약의 경우 간이나 신장에서 주로 대사가 되는데 이 과정은 '사이토크롬 450'이라는 효소를 통해 이뤄진다. 단 효소의 활성도는 사람의 유전적 차이로 인해 달라지는 만큼 체내 약물 농도에도 차이가 난다.

한번은 외래 환자가 과거 심근경색 치료를 받고, 그 후 재발 방지를 위해 클로피도겔이라는 항혈소판제를 복용하고 있었는데 어느 날 위장관 출혈로 쇼크가 와서 죽을 뻔했던 이야기를 해주었다. 유전체 검사를 했더니 놀랍게도 클로피도겔 약물이 대사가 되는 'CYP2C19'이라는 효소의 유전자에 심각한 변이가 있어서 이 약의 대사가 매우 느린 경우였다. 대사가 느려서 약물이 체내에서 빠져나가지도 않았는데 다시 다음 날 같은 약물을 복용하니 체내 혈중 농도가 다른 사람에 비해 2~3배 증가한 것이었다. 피를 맑게 하는 항혈소판제의 농도가 그렇게 높으니 위장 출혈이 생길 수밖에 없는 것이다. 이 환자에겐 다행히 유전자 변이가 없는 다른 간 효소로 대사가 되는 약물을 선택하여 처방했다. 이처럼 유전자를 알면 누군가를 결정적인 위험에 빠트릴 수 있는 약물의 복용을 막을 수 있다.

예전에 많이 쓰던 약물 중에 '와파린'이라는 항응고제가 있는데 이는 뇌경색이나 심방세동 등의 증상으로 응급실에 오면 가장 먼저 투여하는 약이다. 특히 와파린은 조금만 농도가 높아지면 뇌출혈 등이 생길 수 있어 내가 인턴을 하던 시절에는 밤새 시간마다 피를 뽑아 혈액 내 응고 시간을 체크해야 했다. 하지만 이제는 'CYP2C9, VKORC1' 등의 유전자 변이에 따라 체내 와파린의 농도를 미리 예측할 수 있게 되었다. 미국 FDA에서는 이 유전자 검사를 통해 와파린의 농도를 사람마다 8배나 차이 나게 투여하라는 지침을 내리고 있다.

의사 처방 없이 소비자가 직접 유전자 검사를 하는 것으로 잘 알려진 미국의 '23&me'라는 회사는 2018년 11월 미국 FDA로부터 승인을 얻어 약물 대사 관련 유전자 8종(CYP2C19, CYP2C9, CYP3A5, UGT1A1, DPYD, TPMT, SLCO1B1, CYP2D6)에 대한 서비스를 시작했다.

미국 소비자들은 자신의 유전 정보를 미리 알고 약물 부작용으로부터 스스로를 보호하는 시대를 먼저 경험하고 있다. 미국에서는 매년 18만 명이 약물 관련 부작용으로 사망하는데 이는 전체 사망률의 3위에 해당한다.

무엇보다 약물 유전체의 발전은 항암 치료 분야에서 두드러지고 있다. 기존 항암제의 경우 치료 실패율이 70%나 되며 무엇보다 항암제에 따른 부작용이 심했다. 하지만 2014년부터 동반 진단이라는 유전적 변이 검사를 통해 '맞춤 항암제'를 처방하는 시대가 도래했다. 얼빅투스, 이레사, 글리벡 같은 항암제가 여기에 해당된다. 특별히 한국은 세계 최초로 차세대 염기서열 분석NGS 유전체 검사를 보험 급여로 지원받을 수 있다. 정부 역시 유전자 검사에 국가 비용을 투입하는 것이 국민의 생명을 살리고 더 나아가 보건 경제적으로도 이득이 있다고 판단했기 때문이다.

가까운 미래에는 누구나 개인 유전자 정보를 스마트폰 등을 통해 쉽게 열람하고 환자의 고유 정보에 근거해 약물 처방이 이뤄지는 진정한 의미의 개인 맞춤 의학, 참여 의학 시대가 열릴 것이다. 가까운 미래의 진료실 풍경을 상상해보라. 의사가 약을 처방하려 할 때 환자는 스마트 폰을 통해서 자신의 유전체를 검색하고, 그 약이 맞지 않는다며 다른 약을 요구할 수 있다. 똑똑한 소비자들이 자신의 데이터를 잘 알고, 그 것을 기반으로 진료하는 시대가 성큼 다가오고 있다.

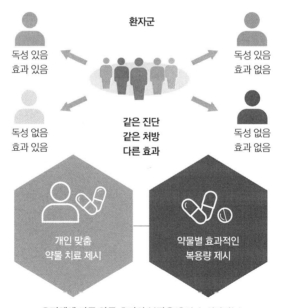

유전체에 따른 약물 효과와 부작용(출처: 녹십자지놈)

내 유전자엔 이 음식과 영양제가 딱!
'맞춤 영양 시대'가 온다

우리 모두는 자신에게 맞는 음식과 맞지 않는 음식이 있다는 것을 경험적으로 알고 있다. 한의학에서는 이미 체질 의학을 통해 사람마다 음식, 영양을 다르게 섭취하라고 권고한다. 서양 의학에서도 음식 알레르기 반응 검사를 통해 알레르기를 일으키는 음식들은 피할 것을 권유한다.

나에게 맞는 음식과 영양, 즉 맞춤 영양은 최근 많은 발전을 하고 있는 유전학을 통해 더욱 구체화되고 있다. 필자는 10여 년 전 보스턴에 있는 터프츠 대학에서 영양 유전학을 공부했다. 영양 유전학 Nutrigenomics이란 사람마다 다른 유전형에 따라 영양제가 각각 다르게 작용해 질병의 예방이나 치료에 다르게 영향을 미치는 것을 연구하는 학문이다. 2년의 연수 기간 동안 당시에 발전하고 있었던 유전자 검사를 통해 사람마다 다른 식이, 영양소가 필요하다는 것을 증명해내곤 했다. 나의 보스는 스페인 출신의 호세 오도바스 박사였는데, 그는 '오메가 3'도 유전적으로 어떤 사람에게는 꼭 필요하지만 어떤 사람에게는 오히려 해가 된다고 말했다. 국민 누구나 한번쯤 먹어봤을 듯한 '오메가 3'조차도 사람마다 효과가 다르다는 것이다.

잘 알려진 대표적인 영양 관련 유전자로 MTHFR 유전자가 있다. MTHFR 유전자에 변이가 있으면 엽산의 대사가 안 돼 몸속에 호모시스테인이 증가하여 유방암, 대장암, 심혈관 질환, 치매 등의 발생 위험이 높아진다. 특히 산모의 경우 아이의 구개열 기형 확률이 높아진다. 따라서 이 유전형의 변이가 있는 경우에는 고농도의 엽산 복용을 권유한다. 이제 MTHFR 유전자 검사는 산모들을 대상으로 보편적으로 시행하고 있다.

우리가 흔히 마시는 커피는 몸에 좋은 음식일까? 나쁜 음식일까? 여기에 대한 정답도 '사람마다 다르다'이다.

한 연구결과에 따르면 커피의 대사를 느리게 하는 CYP1A2의 변이가 있는 경우 커피를 계속 마시면 커피 농도가 높게 유지되는데 이는 유방암의 예방 효과는 더 높이는 반면 카페인의 교감 신경 자극으로 인해 심근경색 발생 확률은 더 올라간다. 즉 커피가 내게 좋은지 나쁜지는 나의 유전형과 내가 갖고 있는 질병의 특성에 의해 결정된다.

알코올도 마찬가지다. 누구는 술을 아무리 마셔도 취하지 않는 반면 누구는 조금만 마셔도 얼굴이 빨갛게 되고 심하게 구토를 한다. 이는 체내의 아세트알데하이드 농도 차이 때문이다. 아세트알데하이드는 ALDH라는 효소에 의해 아세테이트로 전환되는데 ALDH 유전자의 변이가 있으면 아세트알데하이드 농도가 높아져서 안면 홍조가 생긴다. 우리나라 사람의 약 30%가 여기에 해당되며 필자도 마찬가지다. 술은 늘 곤욕스러운 경험이었고, 지금도 술이 도무지 늘지 않는다. 문제는 술 마실 때 나타나는 안면 홍조만이 아니다. 아세트알데하이드는 암을 일으키는 독성이 있어 ALDH 유전자의 변이가 있으면 식도암, 후두암 등의 발생 위험이 2~3배 증가한다. 누군가에게 술은 암을 일으키는 독이 될 수도 있는 것이다.

한번은 알쿠올 분해 효수의 유전자 변이가 있는 환자와 상담을 하게 되었다. 환자에게 "술을 잘 못 마시냐?"고 물어보니 "잘 못 마시고 술을 마시면 얼굴이 쉽게 붉어진다."고 했다. 그분에게 "알코올 분해가 안 되는데 계속 술을 마시면 암에 걸릴 수도 있다."고 했더니 민망해하면서 그렇지 않아도 몇 년 전에 식도암에 걸려 고생했었다고 대답했다. 그 환자는 남들 다 먹는 술이 자신에겐 해가 되는 줄 몰랐고, 그 고생을 해놓곤 지금도 잘 못하는 술을 계속 마신다는 것이다. 자기 몸 사용서가 필요한 시점이다. 술을 못 마시는 유전자로 태어났으면 술을 마시지 말아야 한다.

비타민과 미네랄, 오메가 3나 칼슘 등 우리가 흔히 복용하는 영양제도 사람마다 체내 대사와 작용이 다르기 때문에 최근에는 유전자 검사를 통해 맞춤 영양제를 처방하는 경우가 늘고 있다.

종종 건강 관련 뉴스를 듣다 보면, 비타민이 도움이 되지 않는다거나 영양제(서플리먼트) 형태보다는 식품으로 먹는 것이 좋다는 의사나

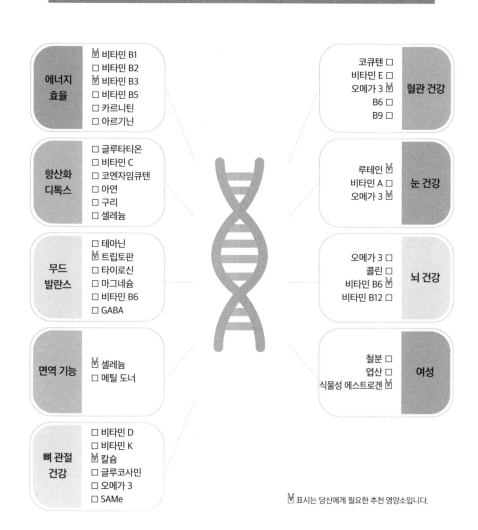

에너지 효율
- ☑ 비타민 B1
- ☐ 비타민 B2
- ☑ 비타민 B3
- ☐ 비타민 B5
- ☐ 카르니틴
- ☐ 아르기닌

항산화 디톡스
- ☐ 글루타티온
- ☐ 비타민 C
- ☐ 코엔자임큐텐
- ☐ 아연
- ☐ 구리
- ☐ 셀레늄

무드 발란스
- ☐ 테아닌
- ☑ 트립토판
- ☐ 타이로신
- ☐ 마그네슘
- ☐ 비타민 B6
- ☐ GABA

면역 기능
- ☑ 셀레늄
- ☐ 메틸 도너

뼈 관절 건강
- ☐ 비타민 D
- ☐ 비타민 K
- ☑ 칼슘
- ☐ 글루코사민
- ☐ 오메가 3
- ☐ SAMe

혈관 건강
- 코큐텐 ☐
- 비타민 E ☐
- 오메가 3 ☐
- B6 ☐
- B9 ☐

눈 건강
- 루테인 ☑
- 비타민 A ☐
- 오메가 3 ☑

뇌 건강
- 오메가 3 ☐
- 콜린 ☑
- 비타민 B6 ☑
- 비타민 B12 ☐

여성
- 철분 ☐
- 엽산 ☐
- 식물성 에스트로겐 ☑

☑ 표시는 당신에게 필요한 추천 영양소입니다.

내 유전체에 따른 맞춤 영양제 추천(출처: 테라젠이텍스)

영양학자들의 권고를 자주 접할 수 있다. 이들은 대규모 연구결과를 가지고 특정 영양소가 건강에 도움이 되지 않는다고 말하는 것이다. 그러나 임상 연구의 설계에 문제가 있을 수 있다. 같은 조건에서 같은 용량의 특정 비타민을 복용한 모든 대상자를 일정 기간 관찰하는 연구인데, 그 비타민이 사람마다 대사가 다르고, 작용이 다른 것을 무시하고 같은 조건으로 실험을 했으니 결과가 안 좋게 나올 수밖에 없는 것이다. 누구에겐 불필요한 비타민을 먹이고 누구에겐 해가 되는 비타민을 같은 조건으로 먹이는 연구를 통해서 결과를 기대하기도 어렵고, 설사 의미 있는 결과가 나왔어도 다시 모든 사람에게 적용하기도 힘들다.

이번에 보건복지부에서 새롭게 확장된 소비자 직접 유전자 검사DTC(의료기관이 아닌 유전자 검사 기관에서 소비자에게 직접 검사 의뢰를 받아 유전자 검사를 수행하는 제도)에서 영양 유전체 검사도 소비자들을 대상으로 직접 검사할 수 있게 했다. 유전자 검사는 어쩌면 무분별하게 소비되고 있는 건강 보조식품 사업의 지각을 바꾸고 소비자가 보다 똑똑한 소비를 할 수 있는 길을 제시할 수도 있다. 머지않은 미래에는 레스토랑에 가면 종업원이 음식 주문에 앞서 스마트폰 앱에 저장된 내 유전자 데이터를 검색해보고 그에 맞는 메뉴판을 내미는 날이 올지 모른다. 나에게 맞는 음식과 영양, 즉 맞춤 영양 유전학 시대가 다가오고 있다.

매일 먹는 음식이
유전자를 바꿀 수 있을까?

내가 매일 먹는 음식이 유전자를 바꿔 질병을 일으키거나 또는 반대로 질병을 예방할 수 있을까? 정답은 아니기도 하고 그렇기도 하다. 유전자는 부모로부터 받은 특성이며 염기의 변이는 결코 바뀌지 않고 다시 후손에 물려주게 된다. 이 점에서 볼 때 음식이 유전자의 구조를 바꿀 수는 없다. 하지만 유전자의 발현expression 기능은 음식 등 환경적인 요소에 의해 바뀔 수 있다. 예를 들어 백열등, 형광등, 수은등은 제각각 밝기와 수명을 타고났지만 그 전등이 스위치를 통해 켜지고 꺼지는 건 후천적으로 바뀔 수 있다.

음식도 대표적인 유전자 스위치에 해당하는데 이러한 학문을 후성 유전학epigenetics이라고 부른다. 후성 유전학은 선천적인 돌연변이가 아닌 음식, 생활 습관, 스트레스 등 후천적인 요인이 DNA에 영향을 줘 질병을 일으키거나 다음 세대에까지 영향을 주는 것을 연구하는 최신 학문을 말한다. 단적인 예로 쌍둥이를 들 수 있다. 태어나서 같은 유전자를 타고나도 살아온 환경이 다르면 각각 다른 질병이 생길 수 있다. 질병의 환경적인 요인을 설명하는 아주 좋은 예다.

꿀벌의 경우 일벌과 여왕벌은 모두 여성 벌이다. 꿀벌은 불과 4주 정도밖에 살지 못하며 불임인 반면 여왕벌의 경우 1년 이상을 살며 평생 200만 개의 알을 낳는다. 이 두 벌 간의 유전학적인 차이는 거의 없다. 하지만 태어난 지 4일 정도 된 유충에 일반적인 화분을 먹이는 경우 일벌로 자라고 로얄젤리를 먹고 자란 유충은 여왕벌이 된다. 연구자들은 일벌과 여왕벌의 기능적 차이, 수명의 차이를 유전자의 발현으로 설명했고, 특히 DNA 메틸화를 그 핵심 기전으로 내세웠다. 한마디로 음식이 생식과 관련된 유전자의 스위치를 켜고 끄게 만든 것이고 그것을 후성 유전학이라 부른다.

특히 암이 생기는 과정에서는 환경적인 요인들이 유전자의 스위치인 전사 부위에 영향을 줘 DNA 메틸화라는 현상이 일어난다. 현재 이 DNA 메틸화를 포함한 후성 유전학적 기전이 속속 밝혀지고 있다. 엽산이나 비타민B, 녹차, 강황, 베리류의 항산화 식품 등이 모두 DNA 메틸화를 포함한 후성 유전학적 기전으로 암 유전자 스위치를 꺼서 암을 예방하는 것으로 알려졌다. 그야말로 사람은 태어나기도nature 하지만 만들어지기도nurture 하는 것이다. 이때 매일 먹는 음식이 사람을 만드

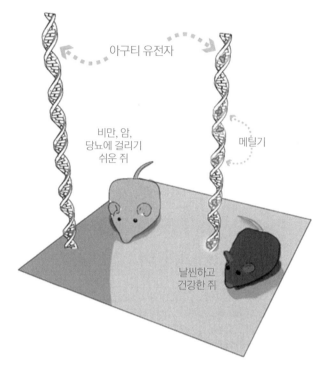

아구티 유전자

비만, 암,
당뇨에 걸리기
쉬운 쥐

메틸기

날씬하고
건강한 쥐

임신한 엄마 쥐의 음식에 따른 새끼 쥐의 피부색 차이(출처: learn.genetics.utah.edu)

는 데 결정적인 역할을 한다.

후성 유전학의 한 분야 중 임신 기간 동안 먹는 음식에 따라 자녀의 질병이 결정된다는 태아 재프로그램fetal reprogramming이라는 개념이 있다. 보통 어른들이 음식과 정서를 신경 쓰는 것이 자녀에게 좋은 영향을 준다고 태교의 중요성을 강조하는데 오랜 경험과 지혜로 내린 그 결론이 현대 의학에서 유전학적으로 증명된 것이다.

대표적인 연구로 임신한 엄마 쥐에 각기 엽산의 양이 다른 음식을 먹였더니 자녀 쥐의 피부색이 검거나 얼룩무늬 또는 희거나 노란 피부를 보였다.

일반적으로 아구티 쥐에서는 검거나 얼룩무늬 피부의 쥐를 건강하거나 오래 사는 쥐로 보고, 노란 피부의 쥐는 암, 당뇨 등 여러 질병에 걸린 쥐라 판단한다. 이 연구를 통해 산모 때 먹는 특정 음식과 스트레스 등의 환경이 본인뿐 아니라 후세대의 DNA에 영향을 줘 질병을 결정한다는 것을 알 수 있다.

성경에서도 이와 비슷한 장면이 나온다. 야곱이 장인 라반과 헤어질 때 재산을 분배하기 위해 새로 태어나 양과 송아지의 피부가 아롱(얼룩)지면 자신의 것으로 하고 정상적인 피부로 태어나면 장인의 것으로 한다는 엉뚱한 제안을 하는데 돌연변이가 태어날 가능성이 적으므로 장인은 이 제안을 받아들인다. 그 후 야곱은 임신한 양에게 살구와 단풍나무를 먹이는데 살구는 엽산이 풍부한 대표적인 과일이다. 앞의 실험대로 엽산이 풍부한 음식을 먹은 양은 얼룩지고 검은 양을 낳고 얼룩양은 유전적으로 우성이라 계속 자손이 얼룩 양으로 번창한다. 이런 방식으로 야곱은 라반의 양 대부분을 차지하게 된다. 야곱이 후성 유전학의 원리를 알았을 리는 없었겠지만, 임신 중에 무엇을 먹는지가 후손의 질병을 결정한다는 것을 경험하고 깨닫는 지혜가 있었던 것으로 보인다.

우리가 좋은 유전자를 타고났든 그렇지 않든 중요치 않다. 매일 건강한 음식을 먹고 음주, 흡연, 스트레스를 멀리하며 적절한 운동과 수면으로 더 건강한 몸을 만들어가는 것이 참된 지혜다.

'성격 유전자'로 예측하는
미래의 직업

자녀를 키우다 보면 외모뿐 아니라 성격이 꼭 부모 중 한 명을 닮아서 놀랄 때가 있다.

우리 아이들 같은 경우도, 첫째는 나를 닮아 모험심이 강하고 여러 일들을 동시에 하는 멀티형인 반면, 둘째는 엄마를 닮아 꼼꼼하고 안전 지향적인 성격이다. 이처럼 같은 집에서 태어났는데도 아이들의 성격 은 천차만별이다. 유달리 겁이 많은 아이가 있는 반면 장난을 좋아하고 무서운 것을 모르는 아이도 있다. 기질적으로 우울한 아이도 있고 낙천 적인 성격의 아이도 있다. 이들 성격은 주변 환경에 의해 만들어지기도 하지만 선천적으로 타고나는 경우도 있다.

기질적 혹은 선천적인 성격을 설명하는 대표적인 것으로, 뇌하수체 등에서 만들어지는 신경 전달 물질 중에서 개인의 성격과 기질을 지배하는 신체 물질들이 있다. 도파민이 대표적인데 이것이 너무 부족하면 무력감을 느끼지만 반대로 너무 높으면 쉽게 흥분하고 쾌락을 추구한다. 술이나 도박 같은 것에도 쉽게 중독되곤 한다. 세로토닌이 너무 부족하면 쉽게 우울해지고 폭식을 하기도 한다. 한편, 노르에피네프린이 너무 높으면 불안감과 초조를 쉽게 느낀다. 이처럼 정서적인 영역뿐 아니라 성격과 기질도 모두 이러한 신경 전달 물질에 의해 영향을 받는다. 그런데 이 신경 전달 물질의 생성과 작용은 유전자에 의해 좌우된다. 결국 성격도 유전자에 의해 영향을 받게 되는 것이다.

만일 도파민의 생성과 관련된 D4DR 유전자에 변이가 있으면 좀 더 큰 자극을 얻기 위해 위험한 모험을 추구하는 성격이 된다. 이러한 이유로 D4DR 유전자의 별명은 '롤러코스터 유전자'다.

실제로 미국과 이스라엘 연구팀이 모험 추구형 성격을 가진 사람들을 대상으로 유전자 연구를 시행한 결과 D4DR 유전자의 변이가 영향을 미친다는 점을 확인했다고 1996년 유전학 저널 〈네이처 제네틱스〉에 발표하기도 했다.

국내에서도 고려대 신경정신과 이헌정 박사 팀이 중학생들의 D4DR 유전자와 성격의 상관 관계를 연구한 결과 모험심이 강한 아이들에게서 더 많은 변이가 있음을 발견했다는 것을 2003년 미국 유전학 잡지인 〈미국 의료 유전학 저널〉에 발표했다. 이 중학생들에게는 모험가, 조종사, 소방관, 주식거래 등의 직업이 어울릴 것이다.

이 밖에도 성격과 관련된 유전자 연구는 의외로 많다. 2017년에 〈유전자, 뇌, 행동〉이라는 저널에는 ▲합리적 성격 ▲양심적 성격 ▲아찔한 것을 추구하는 성격 ▲외향적 성격 ▲위험을 피하는 성격 ▲도덕적인 성격 ▲보상을 추구하는 성격 ▲진득한 성격 ▲신경질적인 성격 ▲개방적인 성격 등에 전장유전체연관분석GWAS을 일목요연하게 정리해놓았다. 생각보다 많은 유형의 성격이 유전자 변이와 관련된다.

그렇다면 이러한 연구들은 어떤 산업으로 이어질까? 이미 미국에서는 개인의 유전자에 따른 성격 유형 분석과 이에 따른 적성 및 진로 상담 시 유전자 검사를 활용하고 있다.

나 역시 유전자 분석을 해본 결과 '잘 정리하고', '잘 설득하며', '행동을 잘 하는' 성격이 강점으로 두드러진 반면 예술적 기질은 약한 것으로 나왔다. 이처럼 사람들의 호기심을 충족하는 것을 넘어 자녀들의 성격 유형에 맞는 적성 검사로 유전자 검사가 활용될 수 있을 것이다.

우리나라 생명윤리법 50조항에는 과학적 증명이 불확실해 검사 대상자를 오도할 우려가 있는 신체 외관이나 성격에 관한 유전자 검사는 금지하고 있다. 하지만 이 법이 만들어진 2003년 이후로 과학은 눈부신 발전을 거듭했다. 어디까지가 과학적 증명이 불확실한 사항인지, 어디까지가 오도할 우려가 있는지 논란의 여지가 있어 생명윤리법 개정이 필요한 상황이다.

충분한 과학적 데이터를 갖추고 상업적으로 지나치게 오도하지 않는다는 전제가 기반이 된다면 각자 특성에 따라 진로를 결정하고 심지

어 자신에게 맞는 배우자를 정하는 시대가 미래에는 자연스럽게 펼쳐
질 수 있지 않을까 기대해본다.

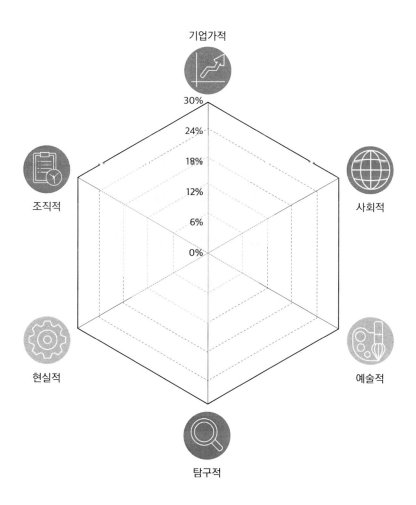

유전자 기반의 성격 분석 및 진로 추천 프로그램(출처: 마이지놈박스)

유전자 검사로 '키'도 예측할 수 있을까?

부모 입장에서는 성장기 자녀의 키가 또래보다 작은 편이면 우유나 콩 등을 많이 먹이면서 좀 더 자랐으면 하고 바랄 것이다. 하지만 기대만큼 키가 안 크면 남편은 아내 탓, 아내는 남편 탓을 하며 서로 타박한다. 인간이 가진 그 어떤 특성보다 키에 유전적 성향이 있다고 믿게 된 것은 부모 키가 자녀에게 그대로 영향을 주는 증거들이 실제로 우리 주변에 많기 때문이다. 실제로 반 아이들 중에 유달리 키가 크다고 생각했는데 학부모가 학교에 방문하면 그 비밀이 풀리는 경우가 있다. 아빠나 엄마 중에 유달리 큰 부모가 있는 경우이다. 물론 그 반대인 경우도 있다. 그렇다면 키는 정말 유전자 탓일까? 부모가 작으면 어쩔 수 없이 자녀도 작은 키로 살아야 하는 운명인 걸까?

판문점에 나란히 서 있는 UN군 병사와 남한 병사, 북한 병사를 보면 UN군과 남한 군인의 키 차이는 인종 간 차이, 즉 유전적 차이로 해석할 수 있다. 하지만 유전적으로 거의 동일한 남한과 북한 군인의 키 차이는 유전적 차이가 아닌 환경적인 차이, 즉 어릴 때부터 단백질의 양이 적고 많음에 따라 발육에 영향을 주기에 키는 환경적인 요인도 강하다고 할 수 있다. 특히 태아를 임신하고 있는 산모의 영양 상태는 자녀의 키에 절대적인 영향을 주는데 이것을 후성 유전학이라고 한다.

또 하나, 한 인구 집단의 평균 키를 결정하는 주요 요인 중에는 '자연 선택'이라는 개념이 있다. 예를 들면 전 세계 국가 중 가장 평균 키가 큰 나라는 네덜란드로 남자의 평균 키가 184cm, 여자는 무려 171cm나 된다. 이는 같은 유럽인인 독일 남자 180cm, 이탈리아 남자 176cm보다도 월등히 높다. 심지어 1860년 네덜란드인의 평균 키는 165cm 정도였다. 이 짧은 시기에 유전자가 바뀐 것도 아니고 다른 국가에 비해 영양 상태가 월등히 좋은 것도 아니었다. 과학자들은 키 큰 사람끼리만 결혼하는 자연 선택이 집중적으로 이루어졌기 때문이라고 추정했다. 런던 위생 열대 대학원의 게르트 스톨프 교수 팀 연구에 따르면 네덜란드 북부에 거주하는 9만 4,500명의 인구를 분석한 결과 자녀가 많은 그룹의 평균 키는 자녀가 적은 그룹의 평균 키보다 무려 7cm나 더 컸다고 한다. 키가 큰 부모들이 자녀들을 더 많이 낳으면서 인구 전체의 키가 커진 것으로 보고 있다.

이처럼 키는 상당 부분 유전자에 의해 결정된다. 과학자들은 키에 미치는 영향 중 유전적 요인을 50%에서 많게는 80%까지도 본다. 지금까지 약 700여 개의 유전자가 키에 영향을 주는 것으로 밝혀졌는데 이 중 몇 가지 유전자는 희귀하게 큰 키 또는 작은 키에 영향을 준다. 대표적으로 FGFR3 유전자에 변이가 있으면 흔히 난쟁이로 불리는 연골무형성증을 일으키고 FBN1 유전자는 거인의 모습을 갖게 하는 말판 증후군을 일으킨다.

하지만 일반적인 키는 보통 훨씬 많은 유전자들의 조합으로 결정된다. 어떤 조합으로 키를 예측하는지에 대해서는 여러 연구들이 진행되어 왔다. 최근에는 대규모 코호트를 기반으로 머신러닝 같은 AI 방법을 활용해 유전자만으로 키를 예측하는 프로그램들을 선보이기 시작했다.

필자도 유전체 보관 및 활용 앱인 마이지놈박스의 빅데이터 기반의 키 예측 프로그램에서 유전자만으로 키를 예측했더니 실제 키와 거의 같았다. 만일 성장기 이전에 성장 후의 키를 미리 예측할 수 있으면 작은 키를 운명으로 받아들이기보다 더 집중적으로 영양을 보충하고 열심히 운동하는 등 키 크는 데 온 힘을 쏟을 것이다. 특히 2차 성장이 시작되기 전 호르몬 검사를 통해 성조숙증과 관련된 유전적 변이를 발견하면 미리 진단·예방함으로써 키를 더 키울 수도 있고 성장 호르몬이나 칼슘 등 키 성장에 영향을 주는 유전적 경향을 예측해 맞춤 처방할 수 있게 된다.

유전자 검사는 개인의 결정된 운명을 보여주는 것이 아니다. 키를 포함한 대부분의 개인 특성이 유전자로만 결정되는 것이 절대 아니기 때문이다.

유전적 소인에 대한 사전적인 지식을 통해 자신의 약한 부분을 미리

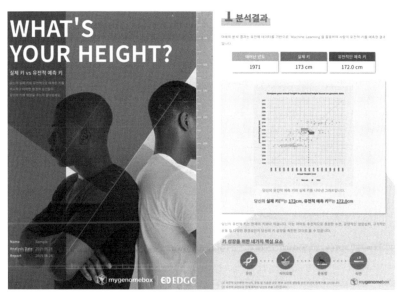

유전자 기반의 키 예측 프로그램(출처: 마이지놈박스)

알고 환경적인 요인을 개선한다면 분명 개인의 삶에 도움이 될 것이다. 유전과 환경의 조화, 이것이 자녀들과 후손들의 키를 결정하는 지혜의 열쇠가 될 수 있다.

운동 능력도 타고난다?
'스포츠 유전학'의 세계

사람이 가진 재능 중에 선천적으로 타고나는 여러 재능이 있다. 그중 대표적인 것이 바로 운동 능력이다. 어떤 사람은 높은 산을 등반하거나 깊은 바다에 잠수를 해도 끄떡없는 강한 심폐 능력을, 어떤 사람은 날 때부터 근육과 골격의 발육이 남달라 육상 선수로서의 재능을 타고나기도 한다.

유전적 차이라 할 수 있는 인종적·국가적 차이는 더욱 뚜렷하다. 2013년 베를린 마라톤에서 결승점에 들어온 남자선수 상위 다섯 명의 국적은 케냐였다. 자메이카는 우사인 볼트 등 세계 정상급 단거리 육상 선수의 산실이 된 지 오래다. 반면 아시아인들은 신체적 능력보다 집중력과 관련된 스포츠에서 더욱 좋은 성과를 낸다.

스포츠 경쟁력이 곧 국가 경쟁력이라고 믿는 국가에서는 스포츠와 관련된 영재 발굴을 위해 유전자 검사 실시 후 선수 선발부터 훈련까지 시행하는 스포츠 유전학이 발달하고 있다.

가장 가까운 예로 중국은 2022년 베이징에서 개최하는 동계 올림픽 출전 선수들에게 유전자 분석을 시행할 예정이다. 2018년 9월, 홍콩 〈사우스차이나 모닝포스트〉는 '중국 과학기술부에서 올림픽 조직위원회가 공동으로 작성한 자료에 따르면 속력, 지구력, 폭발력 분야에서 경쟁하는 참가 선수들에게 전면적으로 게놈 시퀀싱(유전자 분석)을 실시할 것'이라는 기사를 보도했다. 이런 접근은 잘못하면 개인의 타고난 능력을 너무 강조한 나머지 유전자 차별을 하는 우성 사회의 한 모습이 될 수 있다. 하지만 개인의 능력에 맞춰 훈련하도록 도와주는 맞춤 스포츠 의학의 적용이란 긍정적인 측면도 있다.

우리나라도 예외는 아니다. 2018년 동계 올림픽 스켈레톤 종목에서 금메달을 딴 윤성빈 선수도 이런 유전자 검사를 통해 맞춤 훈련을 한 경우다. 한국스포츠개발원에서는 2015년부터 스켈레톤과 봅슬레이 대표 팀을 대상으로 유전자 특성을 분석한 뒤 선수별로 맞춤형 체력 훈련 프로그램을 짰다. 연구 팀은 운동 능력과 관련된 수십 가지 유전자 중에서 특히 'ACTN3'라는 유전자에 주목했다. 사람의 근육 섬유는 ▲수축 속도가 빨라 순발력 운동에 필요한 속근과 ▲수축 속도는 느리지만 지구력이 좋은 지근으로 이뤄진다. ACTN3 유전자는 속근과 지근 구성 비율에 영향을 미친다. 연구 팀은 이 유전자의 변이에 따라 운동선수들의 개별적 능력을 극대화하는 훈련 프로그램을 짠 것이다.

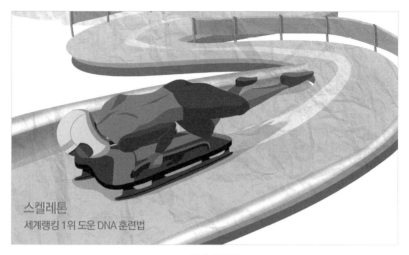

스켈레톤
세계랭킹 1위 도운 DNA 훈련법

DNA 맞춤 훈련법

대표적인 운동 유전자로 지구력과 관련된 '안지오텐신 변환 효소ACE 유전자'가 있다. 1998년 〈네이처〉에 발표된 논문에 의하면 7,000m 이상의 고산 지대를 무산소로 등반하는 엘리트 등반가 1,900명을 대상으로 유전자 분석을 실시했더니 ACE 유전자의 II형을 가진 경우가 일반인보다 5배나 많았는데 이 II형이 바로 심폐 능력 및 지구력과 관련된 유전자 변이형이다. 이후 이뤄진 연구에서도 중장거리 육상 선수에서 이 ACE 유전자의 II형 변이가 더 많고 단거리 운동선수는 DD형 변이가 더 많다는 사실이 밝혀지기도 했다.

이 밖에도 GDF-8 유전자는 근육량과 관련된 대표적인 유전자로 알려졌다. 적혈구의 산소 운반 능력과 관련된 EPOR 유전자는 크로스컨트리 등 지구력 운동을 주로 하는 선수들에게 중요한 유전자다.

스포츠 부상과 관련된 유전자들도 많이 연구되고 있다. MMP3, COL1A1 등의 유전자는 콜라겐 생성과 관련된 유전자로 여기에 변이가 있는 사람은 인대 손상 위험이 높아 그만큼 더 주의가 필요하다. 흥미로운 점은 스포츠 유전학에서는 운동 자체가 건강에 미치는 효과의 개인차에 대해서도 활발한 연구가 이뤄지고 있다는 것이다. 어떤 사람은 운동을 통해 혈압이 낮아지는 반면 어떤 사람은 오히려 혈압이 높아질 수도 있는데 이는 혈관의 내피와 관련된 EDN1 유전자가 영향을 미치는 것으로 알려졌다.

이처럼 맞춤 운동, 즉 스포츠 유전학의 발전은 엘리트 스포츠 선수뿐 아니라 운동을 생활화하는 대다수의 일반 국민에게도 관심이 많은 주제다. 최근에는 미국 DTC 업체들을 중심으로 유전자 맞춤 운동 프로그램까지 나오고 있다.

하지만 한두 가지 유전자를 갖고 지나치게 개인의 특성을 강조해 단순하게 적용하는 것은 위험하다. 타고난 유전적 능력뿐 아니라 운동에 대한 태도, 습관, 질병의 유무 등 종합적인 고려를 통해 전문가에 의한 맞춤 치료를 하는 것이 필요하다.

더 나아가 건강한 운동 습관은 타고난 질병의 유전적 위험을 극복하고 DNA 발현을 건강하게 변화시키기도 한다. 자신의 설계도에 맞춰 운동할 뿐 아니라 끊임없는 운동을 통해 그 설계도를 기반으로 멋진 건축을 해야 한다. 그것이 바로 100세 시대를 맞이하는 똑똑한 우리 국민들이 추구해야 할 건강 행위이다.

유전자로 범인을 잡는다, 신기한 '얼굴 유전자'

1932년 김동인의 장편 소설 『발가락이 닮았다』에는 얼굴이 하나도 닮지 않은 자식을 자신의 핏줄로 여기며 발가락이 닮았다고 우기는 주인공 M의 독백이 나온다. 소설을 빌리지 않더라도 우리 주변에 지나가는 가족, 부자 또는 모녀들을 무심히 보다가 피식 웃음이 나올 정도로 얼굴이 정말 닮은 경우가 많다. 매부리코, 쌍꺼풀 없는 눈, 넓은 이마, 튀어나온 광대뼈 등 부모 중 한 명 또는 엄마 아빠의 얼굴 특징이 교묘하게 뒤섞여 빚어진 자식의 얼굴, 그 자체가 유전자의 힘이다.

특히 얼굴 또는 외모의 유전적 경향성에 대한 연구는 사람들의 호기심 충족의 목적을 넘어 안면 질환, 성형 외과적 적용 등을 위해 꾸준히 진행되어 왔다.

2012년 네덜란드 에라스무스 대학 의료센터의 카이저 교수 팀은 네덜란드, 호주, 독일, 캐나다, 영국 출신의 유럽인 5,388명의 얼굴 모양을 자기공명장치로 촬영해 얻은 자료를 이용해, 얼굴 특성 48개와 연관된 250만 개 이상의 DNA를 분석했다. 더불어 3,867개의 2차원 사진들을 추가로 이용하여 이를 통해 미간의 거리, 코의 높이, 주근깨의 여부 등과 관련된 5개의 유전자를 찾아 〈플러스원 PLOS ONE〉이란 의학 저널에 그 결과를 발표했다.

2016년에 발표된 학술지 〈커런트 바이올로지〉에는 동안 유전자를 찾았다는 흥미로운 논문이 실렸다. 바로 멜라노코르틴-1 수용체를 뜻하는 'MC1R 유전자'로, 이 유전자에 변이가 있으면 유멜라닌을 거의 만들지 못해서 머리카락이 붉은빛을 띠고 피부가 창백하며 얼굴 나이가 2살이나 더 들어 보인다는 것이었다.

나이가 들면서 피부는 탄력을 잃고 처진다. 피부 탄력을 유지하는 데 가장 중요한 요소는 피부의 진피층을 지지하는 콜라겐이라는 섬유다. 안타깝게도 콜라겐은 나이 들면서 감소해 제발 없어졌으면 하는 주름을 만들고 피부 탄력을 떨어뜨리는 주원인이 된다. 그런데 콜라겐 감소 속도는 사람마다 다를 수 있다. 바로 콜라겐 유지에 중요한 작용을 하는 유전자 중 하나인 MMP1 유전자에 변이가 있으면 남들보다 콜라겐이 더 빨리 감소하는 것이다. 이처럼 많은 유전자가 얼굴의 특성, 노화와 관련되어 있다.

이런 유전자의 특성을 이용해 미국의 스타트업인 패러번 나노랩스에서는 스냅샷이라는 유전자 기반의 얼굴 예측 프로그램을 판매하고 있다. 스냅샷은 개인마다 다른 DNA 단기 염기배열SNP을 분석한 후 머신러닝과 딥러닝을 통해 개인의 외모를 예측하는 기술이다.

구체적으로는 환경적인 요인에 영향을 받지 않는 인종(혼혈도 파악 가능), 눈동자의 색, 머리카락의 색, 피부의 주근깨, 그리고 얼굴형을 예상해 전체적인 외모를 3D로 표현해주는 기술이다.

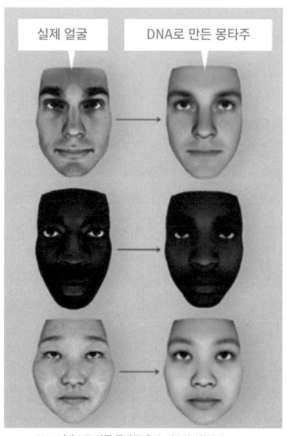

DNA 기반으로 만든 몽타주(출처: 미국립과학원회보 PNAS)

이런 기술이 가장 먼저 응용되는 곳이 바로 범인을 잡는 형사과다. 예를 들어 목격자가 없고 범인이 현장에 자신의 DNA를 남겼지만 DNA 데이터베이스에 일치하는 사람이 없는 미제 사건에서 범인의 윤곽을 알 수 있는 가이드라인을 제시해줄 수 있다. 현재 이 기술은 미국 40주에서 적용되고 있다. 실제로 패러번 나노랩스는 2015년 홍콩 클린업이란 청소업체 의뢰로 쓰레기 더미에서 발견된 DNA를 통해 쓰레기를 무단 투기한 사람들의 얼굴 몽타주를 공개하기도 했다. 우리나라에서는 KIST와 테라젠이텍스가 미아를 찾는 과정에 유전자 기술을 활용해, 미아의 성인 얼굴을 예측하는 연구를 공동으로 진행 중이다.

이처럼 단순 흥미를 뛰어넘어 과학 수사, 미아 찾기, 성형외과 수술 전 결과 예측 프로그램 등 사회 전반에서 유전자 기반의 기술들을 활용하는 것은 고무적인 일이다.

하지만 유전자만 갖고 얼굴 형태가 결정되는 것은 아니다. 식습관, 흡연, 음주 등 개인의 생활 습관도 분명 얼굴 노화에 영향을 미친다. 유전체 데이터 외에도 보다 다차원적인 데이터에 근거해 얼굴의 특성을 예측해야 한다.

가까운 미래에는 나에게 맞는 배우자를 찾을 때 사진 대신 자신의 게놈 데이터를 주고받는 시대가 올 것이라는 다소 엉뚱한 상상을 해본다. 물론 현행 생명윤리 및 안전에 관한 법률(생명윤리법)에서는 외모, 재능 등 차별과 관련된 유전자 검사는 금하고 있어 적어도 우리나라에서 실현될 가능성은 낮을 듯하지만 말이다.

유전자 검사로 나에게 맞는 와인을 고른다, '미각 유전자'

한 식탁에 둘러앉아 식사를 해도 가족들의 입맛이 다 제각각인지라 밥 차리는 주부는 골치 아플 때가 많을 것이다. 아빠는 국이 싱겁다고 잔소리하고 아들은 김밥에서 오이를 일일이 골라서 빼고 딸은 단것만 찾는다.

누구는 쓴 아메리카노를 잘 마시는 반면 누구는 달달한 카페라떼만 주문한다. 사람마다 이런 미각의 차이가 나는 이유는 식습관이 다른 것도 있지만 엄밀히 말하면 개개인의 유전자 차이 때문이다.

쉬운 예를 들면 태국 음식으로 유명한 똠양꿍에 든 고수를 먹으면 바로 뱉는 사람이 있다. 전 인구의 4~15%에서 냄새 수용체인 OR6A2 유전자의 변이가 있는데 이 경우 고수 향은 비누와 같은 맛을 내서 고

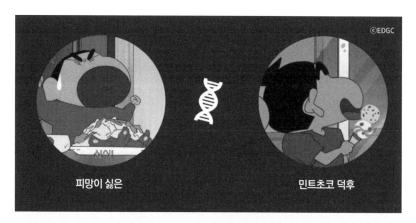

우리의 유전자에는 맛과 향에 대한 민감도가 담겨져 있다. 유전자형에 따라 타인과 다른 독특한 미각적 취향을 갖게 된다. 따라서 다양한 맛과 향을 지닌 와이에 대해서는 더더욱 사람마다 다른 취향을 보이게 된다.

미각을 지배하는 유전자(출처: EDGC)

수를 멀리하게 한다.

　사람의 미각, 즉 단맛, 짠맛, 쓴맛, 신맛 그리고 매운맛 등은 기본적으로 혀에 존재하는 감각 수용체에 의해 인지되고 감별되는데 이 감각 수용체 유전자가 사람마다 다르기 때문에 맛을 다르게 느끼는 것이다. 또 뇌 시상하부에 있는 감각 수용체들도 사람마다 달라서 미각의 강도에 있어 차이가 난다. 앞서 말한 오이 같은 채소는 일반적으로 쓴맛을 내는데 염색체 7번에 존재하는 TAS2R38 유전자의 변이에 따라 쓴맛에 더 민감한 사람과 덜 민감한 사람으로 나뉜다.

　단것을 유독 좋아하는 단 혀sweet tongue를 가진 사람은 SLC2A2 유전자에 변이가 있는 경우가 많다. 특히 이런 유전자는 단순히 입맛의 유별남에 그치지 않는다.

짠맛을 덜 느끼는 사람의 경우 자기도 모르게 짠 음식을 많이 먹게 돼 고혈압에 걸리기 쉽고 단것을 좋아하게 만드는 유전자는 당뇨를 일으키기도 한다. 또 쓴맛을 싫어하는 유전자를 가진 경우 채소를 덜 먹게 만들어 대장암 발생 위험이 높아지게 된다.

국립암센터의 김정선 교수 팀은 2017년 〈식욕Appetite〉이라는 국제 학술지에 한국인 1,829명을 대상으로 한 연구결과를 발표했다. 연구결과에 따르면 단맛·감칠맛 수용체 유전자TAS1R3의 변이가 있는 경우 과음군에 속할 위험이 1.5배 높아 소주를 많이 마셨고, TAS2R4 유전자의 변이가 있는 경우 막걸리를 마시는 사람이 1.5~1.6배 많았다.

10여 년 전에 근무했던 보스턴 터프츠 대학의 항노화연구소Human Nutrition Center on Aging에서도 미각 유전자에 대한 연구가 활발하게 일어났었다. 이처럼 개인마다 다른 미각 유전자는 비즈니스에도 쏠쏠히 활용되고 있다. 대표적인 예가 유전체에 따라 사람마다 다르게 와인을 골라주는 서비스다.

와인 맛을 결정하는 요소로는 달기sweetness, 신맛acidity, 쓸쓸한 맛tannin, 포도 향기aroma 그리고 알코올 농도에 따른 바디body 등이 있다. 이런 요소를 결정하는 일차적인 요소는 포도를 재배하는 지역의 햇볕량, 토양, 숙성의 기간 등이지만 개인의 미각 차, 맛의 선호 차이, 즉 주요 감각 수용기의 유전자 차이에 기인하기도 한다. 또 알코올의 분해는 개인마다 차이가 있어 알코올 분해 효소ALDH의 변이에 따라 숙취를 심하게 느끼는 사람도 많다.

이처럼 와인 맛을 다르게 느끼는 유전자에 따라 개인 맞춤 와인 서비스를 하는 대표적인 미국 회사 상품이 헬릭스에서 판매하는 비놈 vinome이다. 59달러에 개인 유전자 검사를 실시해 미국뿐 아니라 전 세계의 와인을 추천하고 있다. 한국에서는 이원다이애그노믹스EDGC가 개인의 유전체에 따른 맞춤형 와인 서비스를 하고 있다.

우리나라는 아직 소비자 직접 유전자 검사DTC가 활성화되지 않았으나 올해부터 시행되는 2차 DTC 확대에 따라 소비자들도 병원을 거치지 않고 와인 추천 서비스를 받을 수 있게 되었다. 다양한 종류의 미각 유전자들도 DTC 서비스에 포함되어 있다. 단순히 맛의 차이뿐 아니라 음식의 편향적 섭취에 따른 질병의 발생 및 예방과 연계되는 상품도 나올 수 있다.

미래의 식탁에는 가족들이 각자 유전자에 따라 알아서 먹을 수 있는 알약 형태의 음식이나 맞춤형 셰이크가 나온다면 우리 주부들이 한결 수고를 덜 수 있지 않을까?

물만 마셔도 살찌는 체질?
'비만 유전자'

다이어트 열풍이 불면서 많은 사람이 효과적으로 체중을 줄이려 진료실로 찾아온다. 50대 중년 여성이 한숨을 쉬면서 자기는 물만 먹어도 살이 찐다고 하소연을 하면 "설마 그럴 리가요?" 하면서 일주일가량의 식사 일기를 써오게 한다. 환자가 써온 일기를 보면, 정말 하루 종일 먹는 양이 너무 적어서 놀랐고, 그런데도 이렇게 살이 쪄 있으니 두 번 놀랐다. 적어도 이분의 경우에는 억울한 부분이 있을 것이다. 반대로 또 어떤 사람들은 아무리 먹어도 살이 안 찐다고 하소연한다. 이들의 소원은 살이 찌는 것일 정도로 먹어도 살이 안 찌는 체질인 것이다.

비만의 가장 큰 원인은 많이 먹고 적게 움직이는 생활 습관이지만 개인마다 이런 차이가 있는 것이다. 이것을 우리는 유전적인 차이라 부른다. 대략 비만의 30~60% 정도가 유전적인 요인에서 기인한다고 한다.

비만에 영향을 주는 유전자를 찾기 위해 많은 과학자들이 연구를 거듭했고, 수많은 논문들을 발표했다. 그중 대표적인 유전자가 16번 염색체에 위치한 FTO라는 유전자다. 비만과 관련된 연구만 해도 2,000개 이상의 논문이 발표됐고 전장유전체연관분석 GWAS이라고 하는 무작위적인 환자-대조군 연구에서도 늘 비만 유전자로 최종 선정되는 유전자이기도 하다. 이 유전자에 변이가 있으면 비만이 될 확률이 30% 더 높고 BMC Med 2011, 심혈관 질환과 뇌혈관 질환에 걸릴 위험도 2배 가까이 증가한다 Ann Med 2015. 원래 이 유전자는 적혈구의 헤모글로빈 생성과 관련된 기능을 하는 것으로 알려졌으나, 대규모 비만 관련 연구에서 대표적으로 비만 유전자로 지목되면서 아예 유전자 이름을 지방과 비만 Fat Obesity, FTO으로 바꿨다.

FTO는 지방을 저장하는 유전자로 그 자체로는 사실 인류를 생존시켜 왔던 유전자다. 네안데르탈인 시대나 신석기 시대처럼 아직 농경 문화가 정착되지 않았던 고대 시대에는 사냥을 통해 식량을 얻었기에 식사가 불규칙할 수밖에 없었다. 당연히 사냥할 것이 없는 겨울에는 며칠 못 먹는 날이 많았다. 이때 생존을 위해서는 음식을 지방으로 저장하는 능력이 필수인데 FTO 유전자가 바로 그런 역할을 해왔다. 하지만 농경 문화와 산업 시대를 거치며 인류는 자주 식사를 하고 지나치게 많은 열량을 소비하게 되었다. 여기에 교통수단까지 발달하면서 예전보다 덜 움직이게 되자 FTO는 결국 비만을 일으키는 주범이 된 것이다.

다행인 것은 서양인의 경우 이 유전자의 변이가 70% 가까이에 이를 만큼 흔하지만 한국인에게는 30% 미만에만 변이가 있다. 바로 이러한 점이 서양인과 한국인의 체형 차이를 설명하는 한 요인이 될 것이다. 유전자 변이의 분포는 인종마다, 국가마다 다르다. 따라서 외국의 유전자 연구나 상품보다는 국내에서 연구하고 만들어진 상품을 사용하는 것이 도움이 될 것이다.

이 밖에도 식탐을 계속 불러일으키는 MC4R 유전자, 우울하거나 스트레스를 받으면 보상 작용으로 계속 먹게 만드는 BDNF 유전자, 포만감을 느끼게 하는 렙틴 유전자, 밤늦게까지 안 자게 하면서 음식을 먹게 만드는 CLOCK 유전자 등이 있다. 이들 모두는 탄수화물이나 지방 등이 체내에서 모자라 배고픔이라는 신호를 통해 최소한의 음식을 계속 먹게 하는 진짜 식탐과 달리 뇌하수체의 시상하부에 식욕이라는 신호 전달 체계를 지나치게 자극해 불필요한 음식을 더 먹게 만드는 가짜 식탐과 관련된 유전자들이다.

만일 이들 식탐 유전자에 변이가 있어 비정상적인 식탐이 있는 사람들이라면 무조건 굶는 다이어트는 실패로 이어질 것이다. 이 경우 식탐을 억제하는 약물을 사용하거나 열량은 낮지만 포만감을 불러일으키는 음식으로 식탐을 달래는 것이 필요하다.

특히 우울과 스트레스를 쉽게 느끼게 하는 BDNF의 변이가 있는 경우는 스트레스를 해소하려고 먹는 것에 집착하는 경우가 많다. 이것이 소아 비만의 주범이기도 하다. 이 경우 무조건 굶게 해서 더 우울해지는 것보다는 근본 원인인 우울증과 스트레스를 치료하고 관리하며, 가능한 스트레스를 완화시키고 식욕까지 떨어뜨리는 세로토닌 계통의 약물이나 영양제가 도움이 될 것이다.

요즘 탄수화물은 극도로 적게 먹고 대신 지방을 통해 열량을 섭취하는 이른바 '저탄고지' 다이어트가 유행이다. 하지만 저탄고지를 따라 했는데도 오히려 살이 더 찌고 중성 지방 수치가 올라가는 환자들도 종종 보게 된다. 이들의 유전자 검사를 해보니 지방을 축적하는 유전자인 FTO 유전자에 변이가 있었다. 이 경우 고지방 식이는 몸에 해롭다. 남들이 유행하는 다이어트를 했다가 낭패를 본 경우이다.

이처럼 비만의 원인은 사람마다 다르기에 각자에게 맞는 다이어트 방법도 다를 수밖에 없다. 최근에는 유전자 분석을 통해 저탄수화물,

대표적인 비만 유전자 FTO(출처: 채널A 〈나는 몸신이다〉 캡처)

저지방 식이, 지중해 식이, 항산화 식이 등 나에게 맞는 음식을 추천하며 더 나아가 맞춤 운동까지 제안하는 프로그램들이 소개되고 있다.

비만 유전자가 남들보다 더 많이 있으면 평생 비만으로 살 것인가? 유전자를 마치 운명론으로 받아들이는 사람들에게 유전자 검사는 오히려 절망감만 줄 수 있다. 하지만 많은 연구들이 유전자와 운동, 음식 같은 환경적 요인을 같이 설명하고 있다. 즉 FTO 유전자에 변이가 있지만 운동을 열심히 하는 그룹은 FTO 유전자에 변이가 없지만 운동을 하지 않는 그룹보다 오히려 더 날씬한 체형을 유지한다.

비만과 같은 만성 질환은 태어나기nature도 하지만 만들어지기 nurture도 한다. 자신의 유전적 소인을 이해하는 데 그치지 말고 이 유전자에 맞게 설계됐던 인류의 삶의 방식, 즉 적게 먹고 많이 움직이던 시대로 돌아가서 규칙적인 운동과 올바른 식습관으로 건강하고 날씬한 몸을 만드는 똑똑한 소비자가 되자.

내 유전자에 잘 맞는 화장품은?
'맞춤형 피부 관리 시대'가 온다!

남들보다 유달리 피부가 하얀 사람이 있는 반면 어릴 때부터 가무잡잡한 피부를 타고난 사람도 있다. 대개 부모 중 한 명의 피부 톤을 닮기 때문에 피부색은 대표적인 유전적 요인으로 분류된다.

같은 아프리카인의 피부색도 인종, 부족마다 다르다. 미국 펜실베이니아 연구 팀은 아프리카의 에티오피아, 보츠와나, 탄자니아 등 3개국 주민 1,500명을 대상으로 유전자 검사를 시행했다. 그 결과 'SLC24A5' 유전자는 피부 색소 농도를 떨어뜨려 창백한 피부색을 만드는 반면 'MFSD12' 유전자는 피부 색소 농도를 높여 피부색을 더 검게 만드는 것으로 파악했다. 실제로 연구 팀은 검은 피부색의 아프리카인에서 발견되는 MFSD12 유전자를 흰색의 실험용 생쥐에게 이식한 결과 생쥐 피부가 회색으로 변화하는 것을 추가로 밝혀내는 등 피부색과 관련된 유전자 연구를 2017년 〈과학자〉라는 저널에 발표했다.

또 주변에 나이 들어도 유달리 동안 피부를 유지하는 사람이 있는 반면 피부가 쉽게 상하고 노화가 빨리 오는 사람도 있다. 피부 탄력성을 유지하는 가장 중요한 요소는 피부의 진피층을 지지하는 콜라겐이라는 섬유다. 콜라겐은 나이 들면서 감소해 주름이나 탄력성 저하의 주원인이 된다. 이런 콜라겐 유지에 중요한 작용을 하는 유전자 중 하나가 바로 MMP1 유전자다. 따라서 이 유전자에 변이가 있으면 남들보다 콜라겐 감소가 빨라진다.

또 AGER 유전자에 변이가 있으면 피부 탄력을 유지하는 단백질들이 당분과 결합해 당단백질이 되는 당화 현상이 일어나 피부 탄력이 떨어지고 피부색이 어두운 노란색으로 바뀌면서 노화를 일으킨다.

어떤 사람은 민감성 피부라 조그만 자극에도 얼굴이 빨갛게 달아오르거나 가려워지는 등 염증 반응이 쉽게 일어난다. 또 어떤 사람은 햇볕의 자외선에 민감한 광과민성을 호소한다. 많은 연구에서 이러한 개인적인 차이는 모두 유전자가 다르기 때문이라고 분석한다.

유전자 검사 비용이 저렴해져 쉽게 검사할 수 있게 되면서 많은 유전체 분석 회사들이 앞다투어 개인 맞춤 피부 관리 상품을 내놓았다.

대표적인 회사가 호주의 SKIN DNA4U다. 이 회사는 앞서 언급한 피부 노화, 색소 침착, 광과민성, 염증성 피부, 활성 산소에 의한 피부 손상 등에 대한 유전체 검사를 통해 맞춤 피부 케어를 추천해주는 사업을 2015년부터 해오고 있다.

영국의 GeneU라는 회사는 유전자 분석을 통해 18개의 세럼 중에서 2개를 추천하는 맞춤 화장품 사업을 하고 있다. 국내에서는 유전체 분석 회사 테라젠이텍스가 유전체 기반의 맞춤 화장품을 내놓은 바 있다.

전 세계적으로 화장품 사업을 주도하는 한국의 유수 화장품 회사도 유전체 기반의 맞춤 화장품 시장에 관심을 갖고 자체적인 대규모 연구를 진행하거나 유전체 분석 회사와 손잡고 데이터들을 수집하기 시작했다.

국내 1위 화장품 회사인 아모레 퍼시픽은 테라젠이텍스와 함께 유전체 기반의 맞춤 화장품 개발을 목표로 현재 서울 명동에서 피부 진단 및 유전자 진단을 통해 데이터를 수집 중이다. 1만 명 이상의 데이터 수집이 목표인데 2020년 초 기준으로 피부 측정 데이터 5,193건, 유전체 분석 데이터 1,247건을 이미 확보한 상태다.

특히 아모레 퍼시픽은 이 중 일부 데이터를 이용해 한국인의 유전적 피부 특성에 대한 연구를 진행한 연구 논문을 세계화장품학회에서 발표하여 그 혁신성을 인정받았다. 이 논문은 한국인 피부의 보습, 주름, 색소 침착 등의 피부 특성들에 대한 유전자 지표를 발굴하고 한국인 여성의 유전형-표현형 상관관계 분석을 통해 유전자별로 개인에게 최적화된 피부 관리 솔루션을 제공할 수 있다는 가능성을 열었다.

LG 생활 건강은 유전체 분석 회사인 마크로젠과 공동 합작 법인인 미젠스토리를 세워 유전체에 기반해 피부, 탈모 등에 대한 개인 맞춤 화장품 및 건강 기능 식품을 추천하는 서비스를 제공하고자 기초 데이터 수만 건을 분석하고 있는 중이다.

국내 1위의 화장품 및 의약품 생산업체 한국 콜마 역시 국내외에 널리 알려진 유전체 분석 회사 이원다이애그노믹스EDGC와 함께 유전체에 기반한 맞춤 화장품 생산을 준비 중이다.

또 다른 유전체 분석 회사인 DNA 링크는 2017년 잇츠한불과 DTC 유전자 검사 맞춤 화장품 개발을 위한 양해각서를 체결하고 2020년부터 '볼륨톡스'로 유명한 파이온텍과도 제휴 사업에 나선다. 이처럼 산업계가 발 빠르게 움직이는 것은 첫째, 소비자의 요구 때문이고 둘째, 이에 부응하는 제도의 변화에 기인한다.

인텔 보고서에 따르면, 16세 이상 인터넷 사용자 2,000명을 대상으로 한 설문조사에서 맞춤형 화장품에 대한 관심도는 61%로 상당히 높았다. 2020년 3월부터는 매장에서 내용물이나 원료를 혼합·소분해 즉석에서 제품을 제공하는 맞춤형 화장품 제조가 식약처의 허가로 시행된다.

또 지금까지 12가지로 제한된 소비자 직접 유전자 검사DTC가 작년 시범사업을 거쳐 2020년부터 56개 항목을 대상으로 대폭 늘어난다. 무엇보다 피부 관련 특성은 기미/주근깨, 색소 침착, 여드름, 피부 노화, 피부 염증, 태양 노출 후 반응, 튼살/각질 등으로 대폭 늘어났다.

이런 소비자들의 요구와 제도 개선은 맞춤형 화장품의 선도적 개발로 제2의 K-화장품 열풍을 일으킬 수도 있을 것이다. 하지만 다른 분야에 비해 피부 관련 유전자 연구는 대상자의 규모가 작고 피부 특성을 측정하는 표현형 방식의 규격화가 이뤄지지 않아 연구의 신뢰성이 다소 떨어지는 것도 사실이다.

무분별한 사업화보다는 보다 내실 있는 연구와 기초 데이터 확보를 위해 더 많은 투자와 노력이 필요하다. 그것이 자신만의 피부 관리를 추구하는 소비자들의 눈높이를 맞추고 한국의 과학적 위상을 높이는 일이기 때문이다.

우리가 그동안 몰랐던
'탈모 유전자' 이야기

탈모는 남성뿐 아니라 여성에게도 제일 피하고 싶은 노화 현상일 것이다. 청장년층의 50% 정도에서 탈모를 고민한다고 하니 가히 1,000만 명의 대한민국 국민이 고민하는 주제다. 필자도 40세부터 머리카락이 하나둘씩 빠지더니 가는 세월만큼 속도가 빨라지고 있어 늘 불안하다. 존경하는 아버지가 탈모이기도 하고, 이런 상황을 우리 아들도 불안하게 지켜보고 있다.

  그만큼 탈모는 전 국민의 관심사인 만큼 속설도 많다. 그중에서도 할아버지가 대머리라면 한 세대를 거쳐 손주에게 탈모가 대물림된다든지, 탈모는 부성이 아닌 모성 유전이라는 등 유독 탈모와 유전에 관한 얘기들이 많다.

결론부터 말하자면 위의 얘기들은 모두 틀린 말이다. 하지만 탈모가 유전적 성향이 있다는 것은 사실이다. 가족 가운데 탈모가 있으면 본인에게 탈모가 있을 확률이 그렇지 않은 경우보다 7배나 높아 약 50%에서 탈모가 있을 가능성이 있다.

흔히 남성형 탈모라 불리는 안드로겐성 탈모의 경우 유전적인 요인이 70% 정도로 꽤 높은 편이다. 안드로겐성 탈모란 흔히 우리가 대머리라 부르는 탈모로 헤어라인이 M자 형태로 후퇴하거나 정수리 부위 모발이 가늘어지고 탈락되는 양상을 보인다. 이에 비해 원형 탈모는 정수리를 중심으로 탈모가 진행되며 스트레스가 주된 요인이다. 하지만 이 역시도 40% 정도에서 유전적 요인이 작용한다.

이처럼 탈모는 어떤 질병이나 신체적 특성보다 유전적 소인의 영향을 받는다. 때문에 탈모에 대한 핵심적인 유전적 변이를 찾는 연구는 이미 오래전부터 진행됐다.

가장 대표적인 유전자는 남성 호르몬 수용체 유전자(AR 유전자)다. 이는 전체 탈모의 유전적 요인 약 40%를 설명해주는 강력한 유전자다. 여성 유전자로 알려진 X 염색체에 위치해 탈모가 모계 유전이라는 오해를 불러일으키기도 했다. 다행히 한국 사람에게는 이 유전자의 변이가 거의 없어 상대적으로 한국인에게 대머리가 적은 이유를 설명하는 근거가 되기도 한다.

두 번째로 많이 연구된 탈모 유전자는 20번 염색체 11번 좌위의(Chr20p11)의 변이다. 2008년 1,125명의 유럽인을 대상으로 전장 유전체 분석을 한 결과 Chr20p11에 변이가 있으면 정상보다 1.6배 남성형 탈모가 생긴다고 보고됐다(《네이처》, 2008). 연구에서는 남성 호르몬AR의 변이가 동반되었을 때 탈모 위험성이 7.12배 증가한다고 밝혔다. 더 많은 유전자를 사용해 보다 높은 탈모 예측 모형을 만들려는 빅데이터 연구도 끊임없이 진행되고 있다.

2017년 영국의 한 연구 팀은 50만 명의 유전자 데이터가 보관된 영국바이오뱅크UK Biobank에서 얻은 데이터로 5만 2,000명의 대머리 남자들의 유전자 250개를 조합해 약 70% 정도의 정확도를 가진 예측 모형을 만들었다. 2020년부터 시행되는 한국의 소비자 직접 유전자 검사DTC에서도 탈모 유전자가 포함되어 있어 탈모에 관심 있는 사람들은 쉽게 자신의 탈모 진행을 예측할 수 있을 것으로 보인다.

탈모가 진행되는 사람들에게 탈모 유전자 검사는 어떤 의미가 있을까? 단순히 진행의 예측뿐만 아니라 다양한 탈모 유전자들을 동시에 분석함으로써 탈모의 2차적 원인에 미리 대처할 수 있게 해준다.

예를 들어 안드로겐 수용체에 유전적 변이가 있으면 남성 호르몬의 분비를 억제하는 탈모 예방약을 미리 복용할 수 있다. 또 면역이나 염증과 관련된 탈모 유전자IL2RA, HLA-DQB1에 변이가 있으면 그만큼 스트레스로 인해 쉽게 원형 탈모가 진행될 수 있기에 스트레스 관리가 필수적이다.

2013년 대만에서 자국민 1,560명을 대상으로 연구한 결과 Chr20p11 유전자 변이는 탈모 원인의 13.7%에 해당하며 콩류 섭취 등 다른 환경적인 원인과 함께 이 유전자를 이용할 경우 탈모를 59% 정도 예측할 수 있었다고 밝혔다. 즉 유전적인 소인과 환경적인 요인 모두 탈모를 일으키는 것이다.

유전적인 요인이 반드시 탈모를 일으키는 건 아니다. 따라서 탈모의 유전적인 위험이 있는 그룹에서는 젊었을 때부터 탈모에 관심을 갖고 관리해야 한다. 탈모는 유전적인 경향은 있지만 결정된 운명은 아니라는 점을 꼭 기억하자. 탈모 진행의 위험을 미리 예측하고 자신에게 딱 맞는 관리법을 찾아 예방에 힘쓰는 것이야말로 유전자 혁명 시대를 살아가는 똑똑한 소비자일 것이다.

2017년 탈모로 치료받은 국민은 21만 5,025명 정도이며 모발 이식, 탈모 방지약, 탈모 샴푸 등 관련 산업의 규모가 약 4조 원에 이른다는 심평원 통계 결과가 발표되기도 했다. 이러한 거대 산업이 개인에게 맞춤식으로 발전하여 똑똑한 소비로 이어지길 바란다.

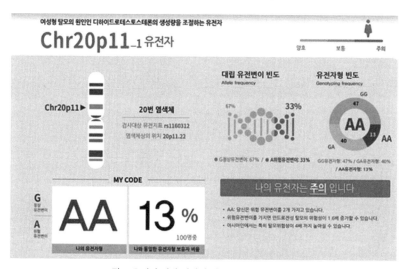

탈모 유전자 검사 결과의 예(출처: 테라젠이텍스)

아빠 따라 나도 아침형 인간?
'습관 유전자'

희한한 습관을 가진 자녀를 두고 부부끼리 서로 "당신 닮았다"며 옥신 각신할 때가 있다. 그때 지나가는 시누이가 확인 사살을 한다.

"○○이가 하는 것 보면 어렸을 때 오빠 모습 그대로인데요 뭘…."

자녀들의 습관과 버릇도 부모로부터 유전될까? 마치 어미 오리를 따라 뒤뚱거리며 걷는 새끼 오리들처럼 어릴 적 습관은 후천적으로 각인 imprinting되어 따라 하는 것뿐일까? 아니면 실제로 습관에 영향을 주는 유전자가 따로 있을까?

나는 전형적인 아침형 인간이다. 새벽 6시만 되면 전날 아무리 늦게 잤어도 눈이 번쩍 떠질 뿐 아니라 오전 시간의 능률이 제일 높다. 반면 밤늦게까지 안 자는 대신 아침에 일어나기 힘들어하는 '올빼미형'도 있다. 내 아버지 역시 '아침형 인간'으로 새벽 5시면 늘 일어난다. 하지만 같은 집에서 자란 우리 형제 중 '아침형 인간'은 나뿐이다. 이원다이애그노믹스EDGC의 해외 유전자 검사 서비스인 마이지놈박스를 통해 내 유전자 검사를 해봤더니 전형적인 아침 인간형 유전자였다. 반면 늘 늦게 잠을 자는 아내의 유전자 검사 결과는 '올빼미형' 유전자였다. 우리 두 자녀는 '중간형'이었으니 부모들의 조합이라 할 수 있다.

전 세계에서 가장 많은 DTC 소비자를 갖고 있는 미국의 23&me 회사에서는 고객 8만 9,000명의 데이터를 분석해 아침형 인간을 결정하는 15개의 유전자를 발견했고, 2014년 세계적인 잡지 〈네이처 커뮤니케이션〉에 발표했다.

연구 팀은 이런 결과를 진화적 관점에서 해석하며 평소 일찍 일어나는 아침형 인간이라면 초기 인류 시절 아침 일찍 일어나 채집하던 사람의 후손일 것이고, 올빼미형이면 밤에 보초를 서던 사람의 후손일 가능성이 높다고 덧붙였다. 이런 형태의 유전자 연구들은 수면 기전 연구나 자녀의 특성에 맞는 공부법 등을 설계하는 데 도움이 될 것이다.

그렇다면 선천적으로 타고난 듯한 게으름도 유전자 탓일까? 2014년 영국의 애버딘 대학과 중국의 과학원은 공동 연구를 통해 게으름의 원인 유전자를 발견해 '카우치 포테이토couch potato 유전자'라는 흥미로운 이름을 붙였다.

하루 종일 소파에 앉아 TV를 보면서 감자칩만 먹는다는 뜻의 이 유전자는 우리 몸의 의욕 및 집중력과 관련된 도파민 생성에 관여한다. 이 유전자의 변이가 있는 쥐들은 정상 쥐에 비해 비만일 뿐 아니라 걸

당신은 아침형 인간인가요,
올빼미형인가요?

44%   56%

아침형 인간 vs 올빼미형 인간(출처: 23&me)

음 수가 1/3로 감소하고 더 천천히 걷는 것으로 알려졌다.

하지만 이 게으른 쥐에 도파민 활성체를 주입하자 걸음 수도 빨라졌고 체중도 감소했다. 이 연구결과는 유명한 의학 저널인 〈플러스원PLOS ONE〉에 실렸다.

2018년 옥스포드 의대에서는 영국바이오뱅크UK BIOBANK 데이터에서 얻은 정보를 바탕으로 대상자 9만 명의 하루 걸음 수, 아침에 일어나는 시간, 칼로리 소모 등과 유전자를 분석한 결과 14개의 유전자가 개인의 신체 활동에 영향을 준다고 결론 내렸다.

이런 연구들은 개인의 게으름을 어쩔 수 없는 유전자 탓으로 돌리려는 목적이 아니라 유전자의 기전에 따라 신체 활력을 높일 수 있는 신약 개발로 이어질 수 있다는 데 의의가 있다. 나아가 간식을 유달리 찾게 만드는 유전자, 그중에서도 유달리 단것에 중독되게 만드는 유전자, 술이나 커피 등에 중독되게 만드는 유전자, 좀 전에 확인한 것을 또다시 확인해야 직성이 풀리는 완벽주의적 습관 유전자도 있다.

여전히 유전자가 습관을 지배하는지, 가족 환경이 습관을 지배하는지에 대한 논쟁은 결론이 나지 않았다. 타고난 유전자도 있지만 때로는 습관이 유전자를 바꾸기도 한다. 이것을 후성 유전학이라 부른다. 특히 발생학적으로 중요한 태아 때는 엄마가 먹는 음식, 행동, 스트레스 등이 자녀의 훗날 습관에 지대한 영향을 준다.

타고난 개인의 습관 유전자를 분석하고 아는 것은 사람마다 다르게 창조됐고 개성이 다르다는 것을 인정함으로써 나와 다른 사람을 이해하는 통찰력을 갖게 한다. 더 나아가 유전자에 따른 생활·건강관리가 보다 정교해지는 사회가 미래에 펼쳐질 것이다.

동시에 습관은 계속 변한다. 무엇보다 좋은 습관으로 살아가는 것은 불리하게 태어난 유전자의 약점을 극복해 질병을 예방할 뿐 아니라 나쁜 유전자의 발현도 억제해서 더욱 건강한 삶을 살 수 있도록 해준다. 유전자에 맞춰 살아가되 동시에 유전자를 극복하고 건강하게 살아가는 똑똑한 소비자가 되길 바란다.

왜 누구에겐 더 해로운 걸까?
술·담배 속 숨은 유전자 이야기

건강과 질병에 큰 영향을 주는 술과 담배의 해악에도 사실은 개인차가 있다. 누구는 평생 담배를 피워도 폐암에 걸리지 않는 반면 누구는 간접 흡연만 했는데도 폐암에 걸리는 경우가 대표적이다. 또 술을 아무리 먹어도 끄떡없는 사람이 있는가 하면 누구는 조금만 마셔도 금방 얼굴이 빨개지고 구토를 한다. 이런 차이는 어디서 발생할까? 바로 술과 담배의 대사와 관련된 유전자의 차이에서 비롯된다.

알코올(에탄올)은 체내에서 ADH 효소에 의해 아세트알데하이드로 1차 분해된다. 사람들이 술을 먹고 나면 얼굴이 빨개지는데 바로 아세트알데하이드 때문이다. ADH 효소 유전자에 변이가 있으면 더 빨리 아세트알데하이드로 전환되어 술을 마시자마자 얼굴이 빨개지는 것이다.

술을 분해하는 과정

숙취

물렁물렁   지끈지끈

알코올   아세트알데하이드   아세트산

술의 주성분인 알코올은 간으로 흡수되면서 ADH 효소에 의해 아세트알데하이드로 변화되고, 그 이후 해롭지 않은 아세트산(물, 식초, 탄산가스)으로 분해된다. 술을 마셨을 때 숙취로 고통스럽게 만드는 것은 아세트알데하이드가 분해되지 못하고 몸에 축적됐기 때문이다.

알코올의 대사 과정과 유전자(출처: EDGC)

아세트알데하이드는 체내에서 독소로 작용해 DNA에 손상을 일으 키므로 재빨리 ALDH라는 효소에 의해 아세테이트로 분해되어야 한다.

그런데 아세트알데하이드를 분해하는 이 ALDH 효소의 유전자에 변이가 생기면 분해 능력이 상당히 떨어진다. 서양 사람에게는 상대적 으로 이 효소의 유전자 변이가 거의 없는 반면 한국 같은 동아시아인에 게는 약 30% 정도에서 유전적 변이가 있다. 유독 아시아인 중에서 술 을 먹으면 얼굴이 붉어지는 사람이 많아 이를 '아시안 홍조Asian flush'라 고 부르기도 한다.

앞에서도 밝혔듯이 나 역시 이 유전자에 변이가 있어서 술을 잘 못 마 신다. 계속 마시다 보면 느는 것이 술인데 유전자의 변이 때문인지 여

전히 못 마신다. 문제는 단순히 술만 못 마시는 게 아니라 독소인 아세,
트알데하이드가 체내에 쌓여 식도암과 후두암이 2배 가까이 더 증가한
다는 것이다.

실제로 일본의 한 아이치현 암센터연구소가 암환자 1,300명과 암에
걸리지 않은 1,900명을 대상으로 알코올 분해와 관련이 있는 유전자
'ALDH2'의 형태와 음주 습관 등을 조사한 결과, ALDH 유전자 변이
를 가진 사람이 한 번에 알코올 46g(소주 1병 정도) 이상을 섭취하는 음주
를 매주 5일 이상 하면 80세까지 구강, 후두, 식도 등에 암이 생길 확률
이 약 20%에 달하는 것으로 조사됐다. 앞에서도 언급했듯이 필자의 환
자 중에도 ALDH 유전자에 변이가 있는 것도 모르고 술을 계속 마시다
가 식도암 수술을 하게 된 경우도 있었다. 직업 때문에 어쩔 수 없이 술
을 마셔야 하는 사람들도 많다. 하지만 술을 마시면 안 되는 유전형에
대한 정보를 아는 것과 모르는 것의 차이는 크다.

흡연과 관련된 유전자 연구도 많다. 폐암 유전자로도 알려진 CHRNA3
유전자는 니코틴성 아세틸콜린 수용체 단백질의 유전체인데 이 유전자
에 변이가 있는 경우 흡연하면 이 물질이 활성화되어 폐암의 위험이 더
높아진다. 또 다른 흡연 유전자인 CYP2A6 유전자는 니코틴의 분해와
관련된 유전자다. CYP2A6 유전자의 변이로 인해 간의 니코틴 분해력이
저하되고 결과적으로 체내에서 니코틴이 제거되기까지 시간이 지연돼
니코틴 의존도가 3배 가량 증가하는 것이다. 특히 청소년은 더 중독성이
강하다. 애당초 이런 유전자에 변이가 있으면 흡연을 시작하지 말아야
한다.

도파민과 세로토닌 관련 유전자들은 니코틴 대사보다는 스트레스나 우울로 인해 흡연 중독을 일으키는 기전을 제공한다. 즉 이런 유전자들의 변이는 스트레스에 취약하게 만들고 보상적으로 음주나 흡연 등 중독성이 강한 유해 습관을 일으켜 금주와 금연을 더 어렵게 한다.

술과 담배와 관련된 유전자 검사의 발달은 단순히 모든 유해 습관들을 유전자 탓으로 돌리거나, 유전자 변이가 없다고 해서 마음 놓고 술과 담배를 하게 하는 면죄부 역할을 해서는 안 된다.

앞서 말한 유전자들은 술과 담배의 대사와 관련된 대표적인 유전자일 뿐이다. 술과 담배가 질병에 영향을 주는 과정에서는 훨씬 많은 유전자와 개인의 다양한 환경 인자가 관여한다. 하지만 앞으로 더 많은 연구가 이를 뒷받침하고 유전자 검사를 보편화한다면 금연과 금주 등 보다 건강한 생활 습관을 가지게 되고 건강 증진 행위가 더 많아질 것이다.

2018년 〈지역사회 유전자 저널〉에 발표된 19개의 DTC 유전자 검사 관련 연구결과에 따르면 대상자의 23%가 긍정적인 생활 습관, 19%가 금연, 12%가 운동 및 다이어트 등을 하게 됐다. 개인의 많은 데이터 덕분에 생각이 바뀌어 건강한 생활 습관으로 이어진 것이다.

여기에서 한 발짝 더 나아가 사람마다 개인의 유전자 차이를 고려해 맞춤 금주 및 금연 방법 등이 제시된다면 더욱 효과적이고 스마트한 건강관리 시대가 도래할 것이다.

'유전자 기반 조상 찾기' 열풍

미국에서 가장 많이 분석된 유전자 검사는 암 유전자 검사도 아니고 23&me 같은 DTC 상품도 아닌 바로 유전자 기반의 조상 찾기 상품이다. 2019년 현재 이미 2,600만 명의 미국인이 이 유전자 검사를 테스트했다고 한다.

앤시스트리Ancestry가 1,400만 명의 DNA 테스트를 해서 업계 1위를 차지하고 있고 23&me가 900만 명의 샘플을 가져 그 뒤를 이었다. 이스라엘에 본사를 둔 마이 헤리티지My Heritage도 1,000만 명 이상의 전세계 고객을 이미 확보하고 있다.

〈MIT테크놀로지 리뷰〉에 따르면 검사당 약 10만 원 정도 하는 이 조상 찾기 서비스는 향후 2년 내에 미국 소비자 1억 명이 참여할 것으로 예상된다. 이는 전 미국 인구의 1/3이 유전자 검사를 하게 된다는 것을 의미한다. 무엇이 이토록 소비자들에게 열풍을 일으켰을까?

모두가 알다시피 미국은 다민족 사회이고 많은 이민자 간의 결혼을 통해 태어난 혼혈인이 대다수다. 비록 백인일지라도 아일랜드 계열, 북유럽 인종, 동유럽 인종 등으로 다양하고 남미와 흑인, 아시아인까지 피가 뒤섞여 있기에 조상 찾기 유전자 검사를 하면 그 결과 역시 매우 다양하다. 예를 들자면 아일랜드계 45%, 스칸디나비아 15%, 라틴계 20%, 일본 5% 등 매우 다양한 민족의 혼합으로 결과가 나온다.

최근 미국 최대 유전자 검사 업체인 23&me와 에어비앤비가 공동으로 '나의 조상을 찾아서'라는 프로그램을 만들어 유전자 검사에서 나온 조상의 터전을 방문하고 있다. 이는 유전자 검사가 질병 진단을 넘어 새로운 비즈니스의 기회를 만들 수 있다는 것을 보여준다.

노아 로젠버그 미국 스탠퍼드대 생물학과 교수 팀은 2018 국제학술지 〈셀〉 10월 11일자에 조상 찾기 서비스 이용자의 게놈 데이터를 이용해 범죄 수사에 쓰이는 DNA 확인 기술(반복 서열 방식의 유전자 검사)과 거의 일치하는 결과를 얻었다고 발표했다. 만일 대부분의 국민이 유전자 검사를 이미 해놓았다면 범인 추적이나 미아 찾기 등에 향후 이 기술이 사용될 수 있음을 의미한다.

많은 사람이 유전자 검사를 받으면서 잃어버린 가족을 찾는 사례도 많아지고 있다. 미국 NBC 방송에 따르면 캘리포니아주 새크라멘토에 사는 변호사 테드 우드(50)는 자신의 친부를 찾기 위해 지난 2013년 유전자 계보 웹사이트 앤시스트리에 가입하고 자신의 DNA를 보냈다. 비록 친부를 찾지는 못했지만 존재조차 몰랐던 딸을 찾게 됐다. 대학 시절 우연히 정자은행에 기증을 했었는데 그로 인해 태어난 27살의 딸을 뒤늦게 만나게 된 것이다.

이미 유전자 데이터를 갖고 있는 필자는 앱 기반의 유전자 분석 프로그램인 마이지놈박스MyGenomeBox를 통해 조상 찾기 프로그램을 구입했다. 유전자 분석을 의뢰한 결과 놀랍게도 한국인 유전자는 50.42%에 불과하고 중국인이 25.63%, 일본인도 21.91%나 섞여 있었다. 더 이상 한국인을 단일 민족이라 부를 수 없다는 얘기다.

그렇다면 한국에서는 이런 조상 찾기 서비스가 가능할까? 작년에 시범사업을 거쳐 2020년 확대된 DTC 서비스의 항목에 이 조상 찾기 유전자 검사도 포함되어 있기 때문에 한국인도 이 검사를 쉽게 할 수 있다. 이 서비스는 회사 중에는 유일하게 이원다이애그노믹스EDGC에서만 가능하다. 이원다이애그노믹스는 '유후YouWho'라는 혈통 분석 서비스를 통해서 나의 뿌리에 해당되는 조상이 어디인지, 주변 국가의 인종과는 얼마나 섞여 있는지를 유전자 전장 데이터를 분석하여 알려준다. 나아가 해당 국가로의 여행을 추천하는 DNA 투어리즘 서비스도 제공한다.

이런 조상 찾기 열풍은 앞으로도 더 이어질 것이지만 몇 가지 문제점도 노출하고 있다.

먼저 기술적 에러다. 이는 아직 데이터베이스가 충분하지 않은 민족 대상의 서비스에서 더 흔히 나타난다.

실제로 최근 23&me는 이전에 분석했던 유전자 검사 결과를 고객에게 통보 없이 바꿔 물의를 일으켰는데 주로 아시아 고객들이 해당됐다.

초기에 분석한 조상의 분포가 이후에 달라진 것이다. 이는 여러 업체 가운데 한국인에 대한 데이터를 얼마나 많이 분석했는지를 고려해 서비스를 선택해야 한다는 것을 시사한다.

무엇보다 고객들의 정보가 취합되고 특히 가족 간의 관계를 증명할 수 있는 민감한 정보를 해킹하거나 불순한 의도로 이용하면 생각지도 못한 사회적 이슈가 발생할 수 있다. 이미 미국에서는 가족 간의 유전자 검사 비교를 통해 서로 친부모, 친자식이 아닌 경우를 발견하게 되는 웃지 못할 해프닝이 심심치 않게 발생하고 있다.

이런 부작용을 사전에 예방하고 데이터를 안전하게 보관한다는 전제하에 지금은 유전자 검사의 대중적 확산이 사회에서 받아들여지고 준비되는 시점이라 할 수 있다. 조상 찾기를 넘어 나의 정체성을 발견하는 것도 유전자 검사의 또 하나의 의의인 것이다.

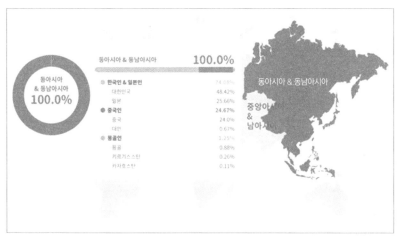

유전자 기반의 조상 찾기, 유후(출처: YouWho)

부모 유전자와 아이 지능, 그 복잡미묘한 관계

영화 〈아마데우스〉에서는 음악에 천재적 재능이 있는 모차르트와 노력파로 잘 알려진 살리에리를 대비해서 묘사한다. 살리에리는 자신이 부단히 노력해 얻은 업적을 가볍게 뛰어넘는 모차르트의 천재적 재능을 질투해 평범한 재능을 준 신을 저주하기도 했다. 정말 재능은, 특히 지능은 타고나는 것일까?

학창 시절을 떠올려 보자. 있는 힘껏 노력해 성적을 올리는 경우도 있지만 암산이나 창의적 사고에서 타의 추종을 불허하는 천재형 학생들을 보고 낙심과 질투를 했던 적이 있을 것이다.

과연 부모의 유전자는 아이 지능에 얼마나 영향을 미칠까? 이 주제는 어쩌면 우리나라 사회에서는 매우 불편한 이야기일 수 있다. 공부

못하는 아이가 왠지 내 탓일 것 같아 긴장하는 부모들에게는 죄송하지만, 실제로 지능을 결정하는 데는 유전자의 영향이 크다. 적게는 20%, 많게는 60% 정도 영향을 미친다.

단, 아이의 지능에 엄마 유전자가 더 강하다는 것은 속설일 뿐이다. 주요 연구들을 통해 여성의 염색체인 X 염색체에 지능과 관련된 유전자가 발견돼 이런 속설이 생겨난 건 사실이지만 지능과 관련된 유전자는 훨씬 더 많고 지금도 계속 발견되고 있다.

2017년 네덜란드 연구진은 과학 잡지인 〈네이처 제네틱스〉에 지능을 결정하는 유전자 52개를 규명해 발표했다. 23&me에서는 100만 명이나 되는 고객들의 유전자 분석을 통해 학업과 관련된 유전자가 무려 1,200여 개라고 발표했다.

2018년 보도된 〈뉴스위크〉에 따르면 미국 텍사스 오스틴 대학의 연구결과 부모의 유전자가 초등학교 때부터 고등학교에 이르는 과정의 지능과 학습에 영향을 주는 것으로 나타났다.

연구에 따르면 쌍둥이 6,000쌍을 대상으로 그들의 유전자와 초등학교부터 고등학교 졸업 때까지의 성적을 분석한 결과 성적에 미치는 영향은 가정의 환경적 요인이 25%, 선생님이나 급우 등의 요인이 5% 작용한 반면, 나머지 70%는 유전적 요인으로 분류됐다. 여기서 말하는 유전적 요인에는 단순히 지능뿐 아니라 동기 부여, 행동, 성격 및 건강까지 포함되어 있다.

그렇다면 유전자를 통해 자녀의 IQ를 예측할 수 있을까?

DNA랜드DNALand 같은 미국의 몇몇 회사는 유전체 데이터를 기반

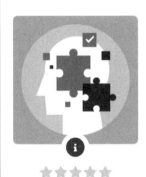

mygenomebox®   ABOUT US   DNA APP MARKET

Intelligence : Performance IQ

◼ EONE-DIAGNOMICS Genome Center
🏷 Personality

FREE

Human intelligence is influenced by both genetic and environmental factors. This App
performance.

⭐⭐⭐⭐⭐

IQ 관련 유전자 분석(출처: 마이지놈박스)

으로 자녀들의 IQ를 예측해주는 서비스를 하고 있다. 하지만 키와 몸
무게 등 확실한 임상 지표를 가진 다른 연구에 비해 지능을 평가하는
임상 지표가 명확하지 않고 대규모 연구도 아직 많지 않아서 유전자만
으로 지능을 정확히 예측하는 건 현재로서는 시기상조다.

DNA를 발견한 노벨 생리의학상 수상자 제임스 왓슨은 지능 유전
자를 지나치게 강조한 나머지 "백인 유전자가 흑인 유전자보다 우월하
다."라고 발언해 학계로부터 거의 퇴출 위기를 겪기도 했다. 유전자를
잘못 이해하는 대표적인 예라고 할 수 있다.

무엇보다 지능을 결정하는 데는 여전히 환경적인 요인도 중요하다.
특히 음식이나 운동 등 환경적인 요인이 DNA에 영향을 줘 유전자의
기능을 결정한다는 후성 유전학은 지능이 꼭 타고나는 것이 아니라 만
들어지는 것이라는 사실을 뒷받침한다.

특히 산모가 먹는 음식은 뱃속 태아의 건강과 지능에 영향을 준다. 따라서 산모의 흡연, 술, 지방 중심의 식사, 비만 등은 태아의 뇌 기능과 관련된 유전자의 변형을 일으켜 지능 저하와 발달장애를 일으킬 수 있다. 신생아 때부터 청소년기에 이르는 성장기 영양과 스트레스 등도 뇌 기능, 특히 지능 발달에 영향을 준다.

종종 가난한 집에서 천재 같은 아이가 태어나 주변을 놀라게 하는 경우도 있다. 현실은 어떨까?

2018년 7월 유명한 유전학 연구 잡지인 〈네이처 제네틱스〉는 113만 1,881명을 대상으로 한 대규모 연구에서 유전자 점수가 상위 25%인 지능이 높은 아이들 중 고소득층의 대학 졸업률은 63%인 반면, 지능은 높지만 저소득층인 아이들의 경우 대학 졸업률이 24%에 불과했다고 밝혔다. 지능만으로는 성공이 보장되지 않고 결국 사회 계층에 따라 성공이 결정되는 씁쓸한 현실을 보여준 것이다.

자녀들의 성공과 대학 진학에 관심이 많고 부(富) 못지않게 높은 지능과 교육환경의 세습이 이뤄지는 대한민국에서는 이런 지능 유전자의 분석이 분명 달갑지 않을 것이다.

그러한 이유로 생명윤리법에서는 이런 검사들을 제한하고 있다. 하지만 학습발달장애, 주의력 결핍 등 지능 장애를 포함해 지능에 대한 모든 유전적 연구는 그동안 미개척 분야였던 뇌 과학의 한 부분에 대한 새로운 지평을 열어갈 것임에는 틀림없다.

내 손으로 직접 유전체 검사를!
DTC 검사의 확장

의료 패러다임 변화와 유전체 분석 기술 발전에 따라 비용이 감소하면서 유전체 분석의 주체가 의료기관 및 연구기관에서 개인으로 확장되고 있다. 이로 인해 전 세계적으로 소비자 직접 유전자 검사 Direct to Customer, DTC 서비스가 각광받고 있다. 앞에서 언급했듯이 DTC 유전자 검사란 소비자가 의료기관이 아닌 유전자 검사 기관에 직접 의뢰해 유전자 검사를 받는 서비스를 말하며 검사 가능 항목은 국가별 규제에 따라 차이가 있다.

이미 전 세계적으로 1,000만 명 이상이 DTC 유전자 검사 서비스를 이용했으며, 2021년에는 1억 명 이상이 개인 유전체 정보를 보유할 것으로 예측된다.

DTC 검사의 변천사

개인 유전체 분석 서비스를 선도하는 대표 주자는 미국의 유전체 분석 기업 23&me로 DTC 유전자 검사 서비스의 발전 과정은 이 회사의 역사와 일맥상통한다고 해도 과언이 아니다.

2006년에 설립된 23&me는 구글 벤처스의 막대한 투자를 받으며 빠르게 성장했고 소비자들이 합리적인 가격으로 손쉽게 자신의 유전체 정보에 접근할 수 있도록 유전자 검사의 대중화에 앞장서 왔다. 창업 당시 1,000달러 정도였던 유전자 검사 비용을 2013년 99달러까지 낮췄으며 타액을 이용해 질병 위험도, 약물 민감도, 보인자 검사, 웰니스 및 신체 특성, 조상 계통까지 무려 254가지 항목에 대한 유전자 분석 서비스를 제공했다. 그 결과 2013년 기준 이용자가 50만 명에 달하며 호황을 누렸다. 하지만 그해 11월 정확성과 안전성이 검증되지 않은 의료 서비스를 승인 없이 판매했다는 이유로 FDA로부터 서비스 중단 명령을 받았다.

결국 23&me는 의료용으로 사용될 가능성이 있는 서비스에 대한 FDA의 우려를 해소하기 위해 전적인 협조를 약속하고 조상 계통 분석 서비스만 제공할 것을 발표했다. 규제 이후에도 의료기관을 통한 판매로 전환하지 않고 DTC 방식의 서비스만을 고집한 23&me는 결국 2015년 2월 블룸 증후군을 시작으로 낭포성섬유증, 겸상 적혈구 빈혈증 등 36가지 유전 질환에 대한 보인자 검사를 승인받아 그해 10월부터 DTC 서비스를 재개했다.

그 이후 2017년에 치매APOE 및 유방암BRCA 검사, 파킨슨병 등 10여 개 질병에 대해 추가적으로 승인을 받았으며 지난해 약물 유전자 검사에 이어 2020년에는 빅데이터 기반의 당뇨 예측 검사도 허가를 받았다. 23&me 외에도 조상 찾기 분석 업체인 앤시스트리와 마이 헤리티지 등의 총 매출을 합치면 1조 원이 넘는다.

국내에서는 2016년 9월 보건복지부에서 일부 항목에 대해 DTC를 허가했다. 현재 약 30여 개 유전체 회사들이 서비스를 시행하고 있지만 2018년 보건복지부에 신고된 DTC 서비스 건수는 전체를 다 합쳐도 10만 건이 채 안 되는 것으로 조사되었다. 미국에서 선풍적 인기를 끈 것과 달리 우리나라는 왜 확산이 안 되는 걸까?

우리나라는 다른 나라보다 유전자 관련 규제가 강한 편이다. 의료기관을 통하지 않고 직접 서비스를 하는 경우는 보건복지부 고시로 정해준 12항목뿐이었다. 이마저도 소비자들의 관심과는 다소 거리가 먼 대사 증후군과 피부, 탈모 등 일부 항목에 국한되어 있다. 유전자도 추가하기 어려워 과학적인 정확도도 떨어진다.

2020년 1월, 보건복지부는 공청회와 시범사업을 거쳐 질병을 제외한 웰니스 항목을 중심으로 최대 56개 항목까지 늘리게 되었다. 여기에 해당하는 항목은 다음과 같다.

특별히 어떤 기업이든지 DTC 사업을 하게 되었던 1차 때와 달리, 항목이 확대된 2차에서는 일정한 기준의 기술적 수준을 가진 회사만 허용되었는데, 이원다이애그노믹스EDGC(56항목), 테라젠이텍스(56항목), 마크로젠(27항목), 랩지노믹스(10항목) 등 4개 기관뿐이다. 이 중 미국 등에서 가장 많이 팔린 '조상 찾기' 항목 서비스가 가능한 회사는 이원다이애그노믹스뿐이다.

보건복지부 시범사업 DTC 검사 항목

분류	DTC 유전자 검사 시범사업 대상 항목(57)			
영양소	비타민 C 농도 비타민 D 농도 코엔자임 Q10 농도 마그네슘 농도 아연 농도 철 저장 및 농도 칼륨 농도 칼슘 농도 아르기닌 농도 지방산 농도			
운동	근력 운동 적합성 단거리 질주 능력 악력 지구력 운동 적합성 근육 발달 능력 발목 부상 위험도 운동 후 회복 능력 유산소 운동 적합성			
피부/모발	기미/주근깨 색소침착 여드름 발생 피부노화 태양 노출 후 태닝 반응 피부 염증 튼살/각질 남성형 탈모 모발 굵기 새치* 원형탈모			
식습관	식욕 포만감 단맛 민감도 쓴맛 민감도 짠맛 민감도			
개인 특성	알코올 대사 알코올 의존도 알코올 홍조 와인 선호도 니코틴 대사 니코틴 의존성 카페인 대사 카페인 의존성 수면 습관/시간 통증 민감성 불면증 아침형/저녁형 인간			
건강관리	퇴행성 관절 염증 감수성 멀미 비만 요산치 중성지방농도 체지방률 체질량 지수 콜레스테롤 혈당 혈압			
혈통	조상 찾기			

*새치는 한국인 대상 위험 유전자 미발견 등으로 제외

<표2> DTC 확대 항목, 2020년 시행(출처: 보건복지부)

올바른 DTC 서비스 정책을 위한 제언

전 세계적으로 유전체 검사가 확대되고 있는 추세다. 더 나아가 이 제는 병원이 아닌 개인이 주체가 되는 의료 패러다임 변화에 발맞춰 '소비자 직접 유전자 검사DTC'라는 새로운 형태의 유전자 검사가 기존 의 헬스케어 산업에 큰 도전을 가져왔다. 하지만 아직도 우리나라의 유 전체 정책은 낙후되어 있다. 정부나 의료계, 산업계, 법조계 등은 이 낯 선 트렌드를 잘 이해하지 못하고 제 목소리만 높이는 통에 새로운 정책 을 시도조차 못하고 있는 현실이다.

필자는 의료계, 산업계 그리고 학계에 있음과 동시에 소비자를 직접 만나는 현장에 있다. 그 경험에 비춰 몇 가지 이슈들에 관해 정책적인 제언을 하고자 한다.

첫째, 헬스케어의 범위는 이제 질병을 예측할 수 있는 유전기법의 발전으로 인해 치료 중심에서 예방 중심으로 확대되고 있다. 즉 아직 질병이 일어나지 않는 단계에서 질병의 유전적 감수성을 알려주는 서 비스가 등장하면서 건강한 사람들을 대상으로 하는 헬스케어 서비스로 나아가고 있는 것이다. 물론 위험인자를 미리 예측해 금연이나 운동 등 올바른 생활 습관을 가질 수 있다는 점에선 긍정적이지만 해석의 오도 나 왜곡으로 인해 소비자들이 지나친 스트레스를 받을 수 있다는 점이 논란거리다. 미국의 경우를 보더라도 질병 예측 서비스는 의료기관을 통해 제공하거나 제한적으로 허용하는 것이 부작용을 최소화하고 예방 의학 산업 발전에 바람직한 영향을 미칠 것으로 보인다. 하지만 '질병이 아닌 웰니스 항목이나 개인의 특성과 관련된 항목의 해석까지 병원에 가서 들어야 하는가?'라는 새로운 의문이 생길 수 있다. 이는 소비자의 알 권리, 자기 결정권과 맞물려서 쉽게 결정할 수 있는 부분이 아니지만 전 세계적으로 웰니스 분야와 조상 계통 분석 같은 질병 외의 다른 특성에 대해서는 대체로 DTC 서비스를 허용하는 추세다.

둘째, DTC 유전자 검사 서비스 산업의 발전은 '개인 데이터의 소유권이 누구에게 있는가?'라는 근본적인 질문을 던지게 한다. 기존에 질병이 진단과 치료 과정에서 나오는 데이터는 그 전문성에 비춰 대체적으로 의료기관이 일정 기간 소유하고 개인이 데이터를 얻고자 할 때는 일정한 과정을 거쳐 데이터를 획득했다. 하지만 개인의 유전적 데이터는 그 종류에 따라 의료기관에 저장하기에는 용량이 지나치게 커서 현실적으로 보관하기 어려울 뿐 아니라 소유의 주체가 의료기관이 아닌 개인이라는 점에 더 당위성을 가진다. 따라서 환자가 능동적으로 의료인에게 개인 데이터를 공유해 의학적인 결정에 참여하는 '참여 의료 Participatory medicine'의 개념도 등장한 것이다. 나아가 유전체 데이터, 임상 데이터뿐 아니라 개인이 영위하는 생활환경에서 생성되는 사소한 데이터들도 개인의 건강을 관리하는 데 소중한 자료이며 기업에게도 자산 가치가 있는 자료들이기 때문에 개인의 데이터를 거래하는 형태의 새로운 산업이 일어날 것으로 보인다. 동시에 데이터 보관의 안정성 확보를 위해 블록체인 등의 기술 발전도 함께 따라올 것이다.

셋째, 플랫폼의 발전으로 인해 한 번에 많은 양의 유전자 검사가 가능해지면서 이에 따른 데이터의 보관 문제가 이슈로 떠올랐다. 수십~수백 개의 마커를 분석하는 방식의 플랫폼과 50~80만 개 마커를 한번에 생산하는 마이크로어레이 방식의 플랫폼이 가격 면에서나 정확성 면에서 큰 차이가 없기에 최근 전 세계 DTC 유전자 검사는 후자의 방법으로 분석하는 추세다. 문제는 소비자에게 허용된 항목의 유전자 정보들 외에 훨씬 많은 데이터베이스에 대해서는 폐기 또는 보존에 대한 법 규정이 없다는 것이다. 개인정보 보호 측면에서는 나머지 데이터가 폐기되어야 하지만 데이터의 자기 결정권 또는 불필요한 추가 채혈 없이 반복적인 분석을 하기 위해서는 데이터를 보관해야 한다는 의견이 우세하다. 관련 산업도 점차 이런 방향으로 발전할 것이다.

넷째, DTC 유전자 검사 서비스 산업의 발전은 국내 생명윤리 및 안전에 관한 법률(생명윤리법)의 근본적인 개정을 요구하고 있다. 현행 생명윤리법 50조 3항에 따르면 의료기관이 아닌 유전자 검사 기관에서는 '의료기관의 의뢰를 받은 경우'와 '질병의 예방과 관련된 유전자 검사로 보건복지부 장관이 필요하다고 인정하는 경우'를 제외하고는 질병의 예방·진단·치료와 관련한 유전자 검사를 할 수 없다. 문제는 보건복지부 장관이 인정하는 경우를 포지티브 방식(허용 항목과 금지 항목을 모두 열거하는 것)으로 고시해 시행하도록 하기 때문에 2016년 1차 확대, 그리고 지금의 2차 확대 과정에서 의료계, 산업계, 학계 등의 이해 당사자가 DTC 검사 항목을 정하는 데 매번 어려움을 겪고 있다.

즉 질병이 아닌 개인의 특성이나 웰니스 항목까지 국가가 법 또는 장관 고시로 유전자 마커를 결정하다 보니 실효성 없는 검사 항목들이 정해져서 산업의 발전을 가로막고 있다. 특히 최근에는 빅데이터 분석 기술이 발전함에 따라 수백~수천 개의 유전자 마커를 활용해 딥러닝, 인공지능 등의 기술로 유전체 데이터를 분석해 질병을 예측하거나 개인의 특성을 설명하는 추세다. 이러한 시대에 정부의 현재 규정에 맞춰 일일이 유전자 마커를 등록하는 것은 사실상 불가능하다고 볼 수 있다.

이처럼 과거 몇 년 동안 놀랍도록 발전한 유전체 관련 연구와 새로운 산업을 현행 생명윤리법이 규제하기에는 많은 어려움과 모순을 갖고 있다. 무엇보다 지나친 상업주의로부터의 소비자 보호, 개인정보가 안전하게 지켜지는 측면에서의 규제, 소비자의 알 권리, 데이터의 자기 결정권 관점에서 개선되어야 할 측면이 모두 공존하는 현 시점에서는 합리적이고 효율적인 법과 규제의 개선이 필수라고 생각된다.

특히 생명윤리법 50조 3항의 내용 때문에 앞으로의 DTC 확대 항목에 대해서도 보건복지부 장관이 일일이 허용 항목을 나열하는 포지티브 규제가 유지되는 것은 합당하지 않다. 전 세계 어디에도 웰니스 및 개인 특성에 대해 정부가 포지티브 방식으로 심사하고 항목을 결정하는 경우는 없다. 소비자의 알 권리가 확대되고 글로벌 시장에서 DTC 유전자 검사가 확대되는 현 상황에서 지나친 규제에 가로막혀 시대 흐름에 뒤처져서는 안 된다. 위해성과 오도 가능성이 있는 질병을 제외한 웰니스 및 개인 특성에 대해서는 네거티브 방식(금지 항목만 열거하는 것)으로의 규제 완화가 필요한 시점이다.

PART 3

유전자로 질병을 예측하고
진단할 수 있을까?

유방암을 미리 예방한
안젤리나 졸리

할리우드의 유명 여배우인 안젤리나 졸리는 2013년 5월 유방 절제술을 시행한 것을 〈뉴욕타임스〉를 통해 고백했다. 많은 사람들이 혹시 암에 걸렸나 했는데 그건 아니었다. BRCA라는 유전자 검사를 했는데 거기서 변이를 발견한 것이다. 아마 충분한 숙고와 상의 끝에 유방을 절제한 것이리라. 하지만 무엇보다 놀라운 건 그녀는 유방암에 전혀 걸리지 않은 건강한 상태라는 점이다. 다만 유방암과 난소암에 관련 있는 BRAC1 유전자에 돌연변이가 있다는 것을 알게 된 것뿐이어서 많은 사람들이 놀랐다. "유방을 절제하다니! 병에 걸린 것도 아니고. 그런데 그런 유전자가 있어? 도대체 무슨 유전자 검사이기에?"

BRCA 유전자 돌연변이는 전체 유방암 환자의 5%, 난소암 환자의

10~15%에서만 발견되지만 이 흔치 않은 돌연변이를 가지고 있으면 평생에 걸쳐 유방암에 걸릴 가능성이 7배나 높아진다. 미국 여성의 평생 유방암 유병률이 7~8% 정도이므로 안젤리나 졸리의 경우 유방암에 걸릴 확률이 56~87%나 되는 꽤 높은 확률인 것이다.

56~87%이라는 확률이 어떤 의미일까? 누구에게는 여전히 무시할 수 있는 수치이겠지만, 예를 들어 이번 주말에 비가 올 확률이 70~80%라고 한다면 많은 사람들이 무시하기에는 너무 큰 수치일 것이다. 어떤 사람들은 '그냥 검진만 자주 하면 되는 거지.'라고 말할 수 있다. 그러나 안젤리나 졸리에게는 또 하나의 배경이 있었는데 그녀의 가족력을 보면 좀 더 잘 이해할 수 있다.

어머니가 56살이라는 비교적 젊은 나이에 난소암으로 세상을 떠났고, 외할머니와 이모 역시 유방암으로 사망한 것을 보았던 그녀이기에 자신 역시 언젠가는 유방암이나 난소암에 걸릴 거라고 두려워하는 것은 당연한 일이다. 즉 엄마와 이모를 각각 유방암과 난소암으로 떠나보내면서 자신도 그 때문에 고통스러웠던 경험이 있었을 것이다. 자신의 자녀에게는 같은 경험을 물려줄 수 없다는 생각과 또 암에 걸려 유방을 절제하는 경우 여자 배우로서 유방을 온전하게 보존할 수 없다는 두려움이 있었을 것이다. 더군다나 BRCA 유전자의 돌연변이까지 발견한 상태에서 가만히 암을 기다리는 것보다 미리 유방 실질을 제거하고 보형물을 넣는 방법을 선택한 것이 여배우로서 꼭 나쁜 선택은 아니었다.

BRCA 유전자의 돌연변이가 있는 경우 난소암의 경우에는 평생 유

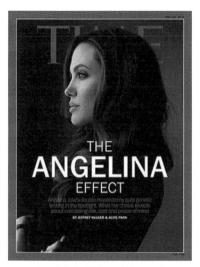
안젤리나 효과(출처: <타임>, 2013)

병률이 27~48%에 해당된다. 안젤리나 졸리는 2015년 5월 난소마저 제거하고 호르몬 치료를 받기 시작했다.

이는 당연히 전 세계적으로 논란을 일으켰고 결과적으로 유전체 의학 시대가 성큼 다가왔다는 것을 대중에게 각인시켰다. 안젤리나 졸리가 올바른 결정을 했는지를 판단하는 것은 그녀의 몫이다. 이런 선택은 2008년에 배우 크리스티나 애플게이트가 먼저 시행해서 이미 할리우드 여배우 사이에서는 잘 알려진 일이기도 했다. 다소 극적이긴 하지만, 개인 유전 정보의 의학적 해석과 그에 따른 예방적 조치가 적절했는지에 대한 논쟁과는 별개로 유전자 정보의 의학적 활용에 대한 대중의 관심을 크게 높이게 된, 이른바 안젤리나 효과Angelina Effect를 야기했다. 우리나라에서도 실제로 예방적 유방 전절제술Total Mastecttomy이라고 하는 유방 제거 수술이 급증한 것도 사실이다.

다만 유전자 변이만 가지고도 암이 생기며, 자손에게도 이런 유전성 경향을 물려주기 때문에 이를 유전성 암이라 부르는데 이는 매우 드문 경우이다. 우리가 흔히 주변에서 보는 유방암이나 다른 암들은 유전과 환경적 요인이 동시에 작용하여 암이 생기는 경우이며, 타고난 변이가 있더라도 BRCA처럼 큰 확률로 암이 생기는 경우는 아니다. 그럼에도 불구하고 안젤리나 졸리 효과는 이미 일어나지 않은 일에 대해 유전자를 통해 예측이 가능하고, 궁극적으로 그것을 피할 수 있는 예방도 가능하다는 점에서 시사하는 바가 크다. 질병 예측에 대한 보다 복잡한 논의는 바로 이어서 더 다루도록 하겠다.

날씨처럼 질병을
미리 예측할 수 있을까?

누구나 예측 가능한 삶을 살고 싶어 한다. 한 가지 예로 내일의 날씨를 미리 알기 원한다. 기상 정보가 슈퍼 컴퓨터에 저장, 분석되어 내일의 날씨뿐만 아니라 장기적인 기후 예측도 가능하다. 날씨는 때로 잘못된 예측을 내놓아 종종 사람들을 난처하게 한다. 2018년 8월, 기상청은 전 대미문의 태풍 솔렉이 온다고 경고했다. 태풍이 한반도에 들어오는 시간이 아침이라 아이들을 학교에 보내지 않고 아파트 유리에는 신문지를 붙이고 태풍이 무사히 지나가기만 기다렸는데, 정작 태풍은 방향을 바꾸어 일본 상공으로 우회했고, 한반도에는 거의 비가 내리지 않았다. 반대의 경우도 있었다. 일주일 뒤 예고도 없이 엄청난 폭우가 경기도 북부에 내려 많은 이재민들을 낸 것이다. 이럴 때마다 사람들은 날씨를 잘못 예측한 기상청을 원망하고, 도대체 슈퍼 컴퓨터는 뭐 하느냐며 성토를 한다. 그러나 여전히 대중들은 일기 예보를 신뢰하고, 일기 예보에 근거하여 매일의 일상 계획을 세운다. 때로는 예측이 빗나가지만, 과학적 데이터에 근거한 일기 예보는 일상에 큰 도움이 되는 것을 경험적으로 알기 때문이다.

그렇다면 질병도 예측할 수 있을까? 주변에서 갑작스러운 심장 질환이나 암에 걸려 후회하는 경우를 종종 본다. 현대 의학은 다양한 질환의 위험 요인을 경고해왔다. 비만, 운동 부족 등 생활 습관도 그중 하나다. 하지만 흡연해도 모두가 폐암에 걸리는 것은 아니고 누구는 생활 습관이 나쁘지 않은데 암에 걸리기도 한다. 즉 교통사고를 제외하고 모든 질병은 타고난 소인, 즉 유전자의 영향을 조금씩이라도 받게 되며 경우에 따라 어떤 질병은 유전자 변이가 결정적으로 질병을 일으키는 원인이 되기도 한다.

바로 앞에서 언급했듯이 2013년 〈뉴욕타임스〉를 통해 알려진 안젤리나 졸리의 유방 절제 소식은 세상을 깜짝 놀라게 했다. 유방암에 걸리지도 않은 정상 유방을 절제한 것은 BRCA라는 유전자 변이 때문이다. 유전자 변이가 있는 경우는 유방암에 걸릴 확률이 70~80%나 된다. 혹자는 단순히 유전자 변이가 있다고 미리 유방을 절제하는 것은 지나친 행위라 생각할 수 있지만 안젤리나 졸리는 엄마와 이모가 유방암, 난소암으로 사망한 경험이 있기에 미리 위험을 없앤 것이다. 이후 BRCA 검사는 유방암 가족력이 있는 여성들에게 보편적인 검사가 되었으며 예방적 유방 절제술도 급증했다.

또 다른 예를 들어보자. 치매 유전자로 알려진 APOE 유전자의 특정 변이 역시 치매 확률을 30~70% 정도로 예측하게 해준다. 치매가 걸릴 확률을 미리 안다는 것은 운동과 음식 조절 같은 예방적 활동으로 치매가 걸릴 확률을 낮출 수 있음을 의미한다. 이에 최근 미국에서는 APOE 치매 유전자와 BRCA 유방암 유전자는 의사 처방 없이 소비자가 직접 검사할 수 있도록 했다. 비가 올 확률을 미리 알려줘서 우산을 준비하게 한 것처럼 강한 유전적 소인을 미리 알려주는 것이다.

하지만 위의 예시는 일부 유전적 소인이 강한 유전성 질환이나 강력한 유전자에 한한다. 대부분 만성 질환은 수십~수백 개의 영향을 받으며 유전적 요인은 여전히 제한적으로 해석해야 한다. 실제로 암이나 당뇨, 심장병 같은 복합 질환은 많은 유전자와 연관된다. 2007년 처음 소개된 전장유전체연관분석 GWAS을 통해 각 질병에 영향을 주는 핵심 유전자들은 수 개~수십 개로 줄어들어 질병 예측 모형을 보다 용이하게 만들었다. 그러나 대부분의 질병은 유전자뿐만 아니라 흡연, 비만, 운동 등 생활 습관과 환경에 의해 더 크게 영향을 받는다. 따라서 생활 습관이나 임상 증상 등을 참고해 조심스럽게 질병을 예측해야 한다. DTC 검사만으로 섣불리 질병을 예측하는 것은 위험한 일이며 여전히 질병에 대한 경험이 많은 의사의 판단에 근거하여 조심스럽게 사용해야 한다.

최근에는 빅데이터 기반으로 딥러닝과 AI 방법을 사용하여 유전체를 통한 질병 예측이 더욱 정교해지고 있다. 가까운 장래에는 유전자 정보와 생활 습관 정보 등이 결합해 개인마다 질병을 예측하게 되고 개

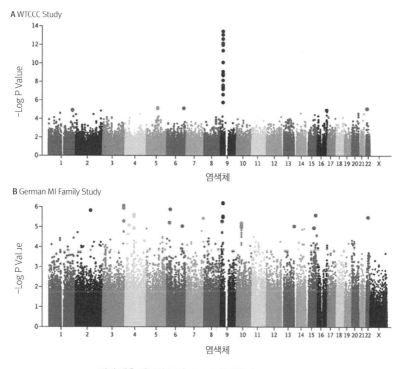

A WTCCC Study

B German MI Family Study

질병 예측 연구의 근거, GWAS 연구(출처: NEJM, 2015)

인 맞춤 건강관리가 보편화될 것이다. 질병이 개인마다 다르게 예측되고 예방하는 시대, 그것이 건강 100세 시대를 맞이하는 첫걸음이다.

치매를 미리 예측하고 예방한다

유전자 검사로 과연 치매를 예측, 예방할 수 있을까? 흔히 사람들이 가장 걱정하고 두려워하는 대표적인 질환이 치매다. 왜 그럴까? 물론 암도 두렵고 심장병도 두렵기는 마찬가지인데 암과 심장병은 그래도 치료법이 있고 심지어는 암 보험도 있어서 경제적으로 도움을 받을 수도 있다. 또 요즘은 실제로 암 때문에 죽는 경우는 많지 않다. 그런데 치매는 여전히 치료가 쉽지 않다는 것이 문제이다. 치매에 한 번 걸리게 되면 장기적으로 고생하는데, 10년 이상 점점 나빠지는 치매 환자로 인해 주변에서 고통받는 부분이 너무도 크다. 가족 중에 한 명이라도 치매가 있으면 다른 가족은 물론 자손들도 두려워한다. 치매에 걸린 본인 때문에 자손들이 고생할까 봐 두려워하게 되는 대표적인 병이 치매인 것이다.

피할 수는 없어도 확실히 알고 싶어 하는 것이 사람 마음인지라, 진료실에서 만나는 사람들마다 가장 많이 물어보고 걱정하는 것이 그 어떤 질병보다도 치매 유전자에 대해서이다. 그중에서도 특히 알츠하이머 치매에 대한 질문이 많다. 우리나라의 치매 유병률은 70대 이후 노인들의 약 10% 정도에서 알츠하이머 치매가 있다고 한다.

바로 앞에서 잠깐 언급했지만, 대표적인 치매 유전자 중에 APOE가 있다. 영어 이름이어서 낯설게 느껴질 텐데, 적어도 치매 유전자 중에서 APOE는 가장 많이 연구되고 있다. APOE 유전자 중에서 위험인자라고 적혀 있는 ε4(엡실론 4)를 양쪽 부모 중 한 명한테서 넘겨받았는지, 양쪽에서 받았는지에 따라 위험인자가 달라진다. 참고로 말하면 위험인자가 둘 다 없는 경우가 3/4 정도 되고, 1/4 정도에서 ε4가 있는데, 그중 대부분의 사람들은 하나만 있다. 간혹 100명 중에 한 명, 또는 200명 중에 한 명은 ε4가 양쪽 모두로부터 있다. ε4가 하나만 있을 때는 치매에 걸릴 확률이 남들에 비해 3배 높고, 양쪽 모두로부터 물려받아 ε4가 두 개 있을 때는 남들에 비해 7배 높다고 한다. 치매 위험도가 3배, 7배 높다는 것은 어떤 의미일까? 3배 높다는 것은 평생 걸릴 확률(70대의 10%)의 3배로, 내 인생 후반부에 치매에 걸릴 확률이 30% 정도인 것이다. 치매에 걸릴 확률이 약 30% 정도라면 어떤 느낌이 드는가? 치매 유전자도 보통 가족력이 있는 경우에 검사하기 때문에 가족의 치매로 고생한 적이 있고 자신에게도 치매가 올 수 있다고 생각하는 사람들 입장에서는 30%면 괜찮다고 오히려 좋아하는 분들도 있다. 그러나 많은 사람들이 남들보다는 치매 발병률이 3배, 또는 30%라고 애기했을 때 불안감을 갖기도 한다.

이 검사에 대해 한 가지 아쉬운 부분은 우리나라에서는 APOE 유전자 검사가 제한 유전자로 묶여 있다는 점이다. 제한 유전자라는 것은 가족력이 있어야만 검사가 가능하다. 미국에서는 23&me같이 직접 소비자 검사인 DTC로도 가능한 검사인데 우리나라에서는 제한 유전자로 분류되는 것이 다소 아쉽다.

APOE 유전자에 대한 논문이 많기 때문에 신뢰할 수 있지만, APOE 외에도 치매에 영향을 미치는 유전자는 여럿 있다. 치매가 유전병인가? 그렇진 않다. 치매는 분명 유전적인 소인이 있지만 유전자 때문에 생기는 유전병은 아니다. 유전자에 영향을 받기도 하지만 환경적인 요인에 의해서도 많은 영향을 받는다. 그러므로 환경적인 요인과 함께 해석해야 한다.

종종 유전적인 요인이 30%라는 이야기를, 비가 올 확률 30%에 비유한다. 이번 주말에 비가 올 확률이 30%일 때 사람들은 어떻게 하는가? 정말 기다렸던 행사를 취소하나? 대부분의 사람들은 취소하지 않고 두 가지 행동을 더한다. 첫째, 정말 비가 오는지 금요일에 체크하게 된다. 둘째, 그 다음 날 아침까지 비가 예정대로 온다는 것을 알았을 때 우리가 하는 행동은 비가 와도 피할 수 있게 우산을 준비하는 것이다. 즉 유전자 검사에서 어떤 확률이 높게 나왔을 때 우리가 하는 행동은,

첫 번째는 체크를 자주 해서 진단을 빨리 하는 것이다. 두 번째는 더욱 중요한 비를 피하는 방법, 즉 우산을 쓰는 법에 대해서 알려주는 것이다. 치매의 경우는 많은 논문들이 치매를 피하는 방법에 대해 알려주고 있다.

예를 들면 유산소 운동을 했을 때는 치매 위험을 무려 50% 줄일 수 있다. 만약에 유전자 검사를 통해 APOE가 하나라도 있어서 치매에 걸릴 위험이 높다고 하면 앞으로는 유산소 운동을 적극적으로 하여 그 확률을 낮추면 된다. 유산소 운동은 생각보다 쉽지 않다. 일주일에 적어도 두 번 이상, 고강도로 걷거나 뛰어야 한다. 숨을 헐떡거리거나 심장이 두근거릴 정도로 해야 유산소 운동이라 할 수 있다. 실제 유산소 운동을 했을 때 치매 위험도는 상당히 감소한다.

동시에 치매를 피하는 가장 좋은 방법 중에 하나가 좋은 것을 먹는 것이다. 고기를 많이 먹는 사람, 술을 많이 마시는 사람 등 좋지 않은 건강 식이를 했을 때 치매가 더 악화된다. 반대로 오메가 3가 풍부하거나, 커큐민(강황 등)이 들어간 음식들이 치매를 예방한다고 알려져 있다.

유전적 위험도가 높다고 해서 그대로 치매에 걸릴 운명이 되는 것이 아니다. 실제 위험도를 낮추기 위해 지혜로운 먹거리와 생활 습관이 필요한데 그중 핵심이 먹거리이다. 다음 페이지의 표는 치매 유전자와 생활 습관과의 연관성을 보여준다. 치매 유전자를 가지면서 동시에 흡연, 음주를 하거나 운동이 부족하면 그만큼 치매에 걸릴 위험이 더 높아진다. 반대로 이들 생활 습관의 개선을 통해 치매 위험도를 더 낮출 수 있다. 치매의 요인 중 우울증이 있기 때문에 적극적으로 우울증을 치료하

	유전자형	생활 습관	치매 위험도
운동량	APOE4 정상	활동적	1
		비활동적	1.8
	APOE4 변이	활동적	2.3
		비활동적	5.5
음주량	APOE4 정상	금주군	1
		음주군	0.7
	APOE4 변이	금주군	0.7
		음주군	3.8
흡연량	APOE4 정상	비흡연	1
		흡연	0.7
	APOE4 변이	비흡연	1.9
		흡연	3.2

〈표3〉 치매 유전자 APOE 및 기타 유전자 생활 습관의 연관성(출처: J Cell Mol Med, 2008)

게 되면 훨씬 더 치매의 예후가 좋아지기도 한다.

또 하나의 치매 예방법으로, 60대 후반부터는 간단한 설문지 등을 통해 조기에 치매를 진단하는 것이 좋다. 치매가 아니더라도 구조화된 설문지로 실제 기억력이 감소되고 있는 치매 전 단계인지를 진단해보고 경우에 따라서는 치매 약을 미리 먹도록 한다.

단순히 치매 유전자 검사를 통해서 환자를 걱정시키고 큰일이 났다는 이야기를 하려는 것이 아니다. 아무런 변화 없이 이대로 살았을 때의 확률을 미리 알아서 적극적인 예방과 조기 진단을 통해 발병률을 낮추려고 하는 것이 치매 유전자 검사의 핵심이다. 실제 진료실에서 이에 대해 차분하게 설명한 후 굉장히 많은 사람들이 운동을 시작했다. 많은 사람들이 뇌 건강에 대해 관심을 많이 갖고 담배도 끊는 긍정적인 변화를 보였다. 이처럼 질병 유전자 검사를 미리 해서 사람마다 다른 위험도를 알고, 거기에 맞는 조기 검진과 예방 활동을 통해 질병을 피하는 것이 건강 100세 시대의 똑똑한 소비자들이 할 수 있는 맞춤 예방 의학이다.

심혈관 질환과 뇌졸중을
미리 예방하는 똑똑한 소비자

이번에는 유전자 검사를 통해서 심장병, 심근경색과 중풍, 뇌졸중을 예측하고 예방할 수 있는지를 살펴보자. 심근경색, 특별히 담배를 피우는 남성 혹은 최근에 고지혈증이나 혈압 약을 먹고 있는 분들이 가장 두려워하는 것 중에 하나가 스트레스에 의해 갑자기 왼쪽 가슴에 통증을 느끼며 응급실에 실려가는 심근경색일 것이다. 중풍이라고 하는 뇌졸중 같은 혈관 질환도 한국에서는 중요한 사망 원인이기 때문에 기존에 위험 요인을 갖고 있는 분들에게는 뇌졸중을 미리 예측하고 예방하는 것도 중요한 관심사라고 할 수 있다.

우리나라에서 암과 함께 가장 많은 사망하는 질환이 심혈관 질환이다. 심혈관 질환은 심장을 둘러싸고 있는 관상동맥이 막혀서 생기는 협심증과 심근경색을 말한다. 40대 이후 중년이 갑자기 사망하는 경우 대부분의 원인이 심혈관 질환인 만큼 많은 사람들은 이 질환을 예측하고 싶어 한다. 심근경색에는 이미 많은 위험인자들이 잘 알려져 있다.

가장 대표적인 예측 인자(위험인자)로 고지혈증이 있다. 고지혈증은 혈관 속 콜레스테롤 농도가 높아져서 혈관벽에 침착하며 죽상경화증을 만든다. 이로 인해 혈관벽에 염증이 생기고 혈류가 느려지며 혈전이 생기게 되는데, 이 혈전이 좁아진 심장의 혈관을 막는 경우가 심근경색이며 뇌혈관을 막는 경우가 중풍(뇌졸중)이다. 소리 없는 살인자로 알려져 있는 고지혈증은 최근 국민건강검진의 필수 항목으로 들어가 있어서 국민 대부분이 자신의 혈중 콜레스테롤 수치를 파악할 수 있다. 즉 나쁜 콜레스테롤LDL, 좋은 콜레스테롤HDL, 중성 지방 등의 의학 용어를 웬만한 국민들은 대부분 들어보았을 것이다.

진료실에서 종종 자신이 왜 콜레스테롤 수치가 높은지 이해가 안 된다는 사람들을 만나곤 한다. 기름진 음식을 많이 먹지도 않고 술도 안 마시는 편인데 총콜레스테롤 수치가 높다며 의사가 약을 먹으라고 권유했다는 것이다. 콜레스테롤의 주된 유입 경로가 음식을 통해서 들어오기 때문에 흔히 고지혈증의 주범을 과도한 식사로 생각하지만 위의 사례처럼 실제로는 적게 먹는 마른 고지혈증 환자가 많이 존재하는데, 대부분의 이유는 유전자의 변형 때문이다.

좀 더 구체적으로 말하면 음식을 통해 들어온 지방이 간에서 콜레스테롤로 합성되는 과정, 간에서 유리되어 저밀도 지단백LDL 콜레스테롤로 전환되는 과정, 좋은 콜레스테롤로 불리는 고밀도 지단백HDL이 합성되는 과정, 중성 지방이 합성되고 혈관벽에서 작용하는 모든 과정에서 개인마다 다른 유전적인 소인에 따라 고지혈증이 생기거나, 중성 지방이 높아지는 것이다. 고지혈증의 유전적인 소인은 30~60% 정도로 높은 편이며 실제 고지혈증 환자 대부분이 가족 가운데 이미 고지혈증이 있는 경우가 많다. 그렇다면 고지혈증의 유전적 소인을 파악하는 것이 심혈관 질환의 예방에 도움이 될까? 모든 질병은 유전적 소인과 환경적 소인이 함께 작용하여 생긴다. 필자의 경우 젊은 사람 또는 마른 사람이 콜레스테롤이 높은 경우에는 유전자 검사를 실시하여 유전적 소인을 확인하고 나서, 지체하지 않고 고지혈증 약을 처방하는 편이다. 반면 술을 좋아하거나 비만인 경우에는 약을 바로 처방하지 않고, 술을 줄이고 체중을 감량시켜서 콜레스테롤을 낮추게 한다. 아직 약물을 먹을 정도로 콜레스테롤이 높지 않은 경우에도 유전적 소인이 있는 경우에는 적극적으로 생활 습관을 개선하기를 권유한다.

직접적인 심장병에 대해 유전적 요인을 분석하는 연구들도 대규모로 진행되어 오고 있다. 2007년 〈네이처〉에 실린 전장유전체연관 분석GWAS 연구를 필두로 심근경색을 일으키는 주된 마커들을 발견해왔다. 그중 가장 대표적인 유전자는 CDKN2라는 유전자이다. 보통 통계적으로 유의하다는 기준이 0.05%의 오차를 허용하는 수준 즉, 5×10^{-4} 정도인데 반복되는 연구에서 CDKN2 유전자의 변이가 있는 경우 무

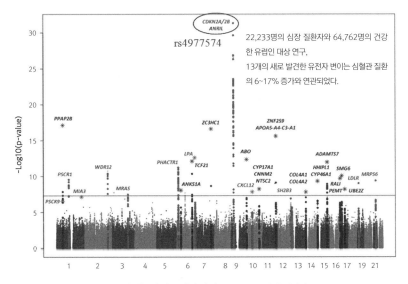

심혈관 질환의 대표적인 유전자 마커들(출처: <네이처 제네틱스>, 2011)

려 5×10^{-30}이라고 하는 유의 확률로 통계적 의미를 갖는다. 즉 10만 명을 검사했을 때 심근경색 환자는 다 변이가 있고 정상 환자는 다 변이가 없는 수준까지 간다고 할 수 있다. 그렇기에 이 변이 자체만 가지고도 심근경색을 예측할 수 있을 정도로 강력한 유전자라고 할 수 있고, 여기에 또 다른 유전자까지 변이가 있으면 좀 더 위험도가 높게 나오게 된다. 최근에는 수백 개, 수천 개의 유전자가 포함된 집단을 딥러닝 방식으로 위험도를 계산하고 있다. 나아가 고혈압, 고지혈증, 당뇨 같은 전통적인 위험인자에 더하여 걸음 수, 수면량, 하루 식사 칼로리 등 라이프 로그 데이터까지 같이 합쳐서 딥러닝 방식으로 질병 위험도를 예측하는 분석법들이 앞다투어 소개되고 있다.

심근경색을 포함한 심혈관 질환이든, 뇌졸중을 포함한 뇌혈관 질환이든 유전적인 요인보다는 환경적인 요인이 더 큰 영향을 미치기 때문에 이에 대해 더 광범위한 연구가 진행되어 왔다. 따라서 유전자 검사는 기존의 위험 요인에 덧붙여 해석하는 것이 바람직하다. 동시에 심장이나 뇌혈관 질환의 유전적 요인이 큰 경우에는 반드시 생활 습관을 개선하려는 노력이 필요하다. 내 환자들의 경우에도 기존에 금연을 미루거나, 고지혈증 약을 미루다가 유전자 검사를 한 이후 심뇌혈관 질환의 위험이 높은 것을 알고 금연을 하거나 약을 복용하는 경우가 많이 있다. 이처럼 눈에 보이지 않는 유전적 위험이 때로는 환자들의 건강을 증진시키고 예방적 활동을 일으키는 것은 유전자 검사의 순기능이라 할 수 있다. 질병이 생겨서 뒤늦게 약물을 먹는 것이 아니라 미리 자신의 유전적인 취약 소인을 파악하고 예방하는 것이 유전자 혁명 시대를 살아가는 똑똑한 소비자가 되는 길이다.

대한민국 성인 500만 명이 걸리는
당뇨도 예측이 가능할까?

최근 대한당뇨병학회는 국내 당뇨병 역학 조사를 반영해 'Diabetes Fact Sheet in Korea 2016'을 발표했다. 이에 따르면 한국인의 당뇨 유병률 수치가 역대 최고인 13.7%를 기록했다. 30세 이상인 우리나라 국민 7명 중 1명이 당뇨병 환자인 셈이다. 더욱이 65세 이상 노령층의 유병률이 30%를 넘어선 데다 전체 인구 가운데 당뇨병 전 단계(공복혈당장애) 비율은 25%로 당뇨병 대란이 머지않았음을 보여준다. 암을 제외하고 일반인들이 흔하게 걸리는 질병 중에 가장 두려운 것이 당뇨인데, 당뇨는 합병증이 특히 무섭기 때문이다.

고혈압이나 고지혈증과 마찬가지로 당뇨 역시 가족력과 밀접한 관계가 있다. 부모 모두 제2형 당뇨병일 때 자녀가 당뇨병에 걸릴 확률은

40%, 부모 중 한 명이 제2형 당뇨병일 때 자녀가 당뇨병에 걸릴 확률은 10~30%라고 알려져 있다. 경북대 병원 예방 의학과 배상근 전문의 팀이 2013년 국민건강영양조사원 자료를 토대로 성인(19~69세) 3,561명의 당뇨병 가족력과 공복혈당장애의 상관성을 분석했다. 그 결과 전체 분석 대상 중 685명의 부·모·형제 중 한 명 이상이 당뇨병 환자인 가족력이 있었고, 이들 중 24.2%가 공복혈당장애를 가지고 있었다. 당뇨병 가족력이 없는 사람의 공복혈당장애 비율(20.1%)보다 1.39배가량 높은 수준이다.

이처럼 가족 가운데 당뇨가 있는 사람은 그만큼 본인도 당뇨가 될 가능성이 높기에 더욱 조심해야 한다. 그런데 부모님 중에 당뇨가 있었어도 같은 형제 중에 누구는 당뇨병으로 진행하고 누구는 진행하지 않는 경우도 있다. 가족력보다 더 중요한 것이 개인에게 실제 전수된 당뇨병 유전자의 변이이다. 부모 중에 한 명이 당뇨여도 다른 한 명이 건강한 유전자를 보유하면 이 둘이 조합하여 자녀에게 랜덤으로 당뇨 유전자를 전수하므로 가족력보다 실제 보유하는 당뇨 유전자가 더욱 중요한 것이다. 이런 점에서 당뇨에 대한 유전자 연구는 그 어떤 질병보다 더 많은 연구가 진행되었다.

1번 염색체부터 22번 염색체까지 전장 유전체를 대상으로 질병이 있는 군과 질병이 없는 군의 유전자 차이를 보는 대규모 연구를 전장유전체연관분석GWAS이라 하는데 2007년도에 〈네이처〉와 〈사이언스〉에 소개된 이후 모두 194개의 전장유전체연관분석 연구가 실시되었다. 이를 통해 당뇨와 연관 있는 핵심적인 유전자들을 분류해왔으며 그중 일부가 2016년에 국가에서 의사 처방 없이도 소비자들에게 직접 서비스할 수 있도록 허락한 DTC의 당뇨 유전자 8개이다(CDKN2A/B, G6PC2, GCK, GCKR, GLIS3, MTNR1B, DGKB, SLC30A8). 이들 유전자들은 주로 당뇨가 생기는 기전, 즉 인슐린 저항성이나 포도당의 분해와 관련된 유전자들이다. 이들 유전자의 변이는 탄수화물 대사에 장애를 일으켜 인슐린 저항성을 가지고 오며 쉽게 살이 찌고 혈당이 올라가도록 만든다.

이런 당뇨 유전자 검사를 통해 사람마다 당뇨에 걸릴 확률을 예측하는 것이 당뇨병 예방과 치료에 도움이 될까? 모든 생활 습관 병이 그렇듯 당뇨병과 같은 질병은 유전과 환경의 상호 작용에 의해 생긴다. 유전적인 위험이 높더라도 생활 습관의 개선을 통해 당뇨를 억제할 수 있다. 반대로 생활 습관이 좋다고 안심할 것이 아니라, 유전적 요인이 있으면 조기 검진 및 조기 치료가 필요하다.

그렇다면 당뇨병의 유전적인 위험이 높은 군에는 어떤 권고가 필요할까? 앞서 말한 대로, 당뇨가 일어나는 기전 중에 핵심은 탄수화물의 대사 장애로 인한 인슐린 저항성이다. 탄수화물을 억제하는 기능을 하는 것이 췌장에서 분비되는 인슐린이다. 체내에 탄수화물이 지속적으로 들어와 인슐린 역할이 증가하면 인슐린이 지쳐서 더 높은 인슐린으로도 당이 떨어지지 않고, 이로 인해 인슐린이 더 높아지는 것을 인슐린 저항성이라 한다. 문제는 높아진 인슐린이 체지방을 살찌우고 간 기능을 악화시켜 당뇨-비만-지방간의 악순환으로 이어지게 되는 것이다. 그러므로 이들 유전자의 변이가 있는 경우에는 탄수화물 섭취를 낮

발굴된 16개 유전자의 주요 기능

당뇨병 발병에 직접 영향을 주는 16개 유전자

염색체 번호	유전자	기능
2	GCKR	간, 이자에서 혈당 조절의 중추 효소인 글루코카이네즈를 조절함
2	THADA	갑상선 암과 관련되어 있음
2	GRB14/COBLL1	생체 내 대사 등을 조절함
3	PPARG	지방 세포 분화를 조절함
4	WFS1	뇌, 이자, 심장 등에서 주로 발현됨
5	PAM/PPIP5K2	세포 내 신호 전달과 관련되어 있음
6	RREB1	세포 분화와 관련됨
7	PAX4/GCC1	췌장 소도 발달과 관련됨
8	SLC30A8	인슐린 분비 조절에 관여함
9	GPSM1	세포 내 신호전달과 관련되어 있음
11	KCNJ11/ABCC8	포타시움 조절에 관련되어 있음
11	TSPAN8	세포 발달 등을 조절하는 것에 관련되어 있음
15	FES	세포형질 전환 등에 관련되어 있음
19	CILP2	연골 부위에서 기능함
20	HNF4A	간 유전자 조절에 관련됨
22	MTMR3/ASCC2	근육병과 관련되어 있음

<표4> 대표적인 당뇨 유전자(출처: 질병관리본부)

추고 특별히 당지수GI index가 낮은 탄수화물을 복용하도록 하자. 시중에 나온 당뇨에 좋은 영양제들 상당 부분은 이런 낮은 당지수로 이루어

진 섬유소가 많은 탄수화물 제제이다. 단일 영양소로는 크롬, 아연, 마그네슘 등이 당뇨에 도움이 된다.

유전적 위험이 높으면서 당뇨 전 단계에 해당되는 내당능장애가 생기기 시작한 경우에는 적극적인 체중 감량을 통해 뱃살을 뺌으로써 인슐린 저항성을 낮춰야 한다. 또한 유전적 위험이 높은 군에서 초기 당뇨로 진행되면 적극적으로 메트포민계의 인슐린 개선제를 복용해서 당뇨 합병증을 막아야 한다.

이처럼 당뇨병 유전자 검사는 가족력과 달리 개인의 직접적인 유전적 위험도를 알려주어, 당뇨 예방과 조기 치료를 위한 건강한 식단과 운동으로 이어주는 길라잡이 역할을 한다.

개인 유전자 검사 시대,
건강에 득일까, 실일까?

누구나 자신의 유전자 검사를 저렴한 비용으로 쉽게 할 수 있는 시대가 열렸다. 이제 한국에서도 병원의 검진센터 등을 통해 질병 예측 서비스를 쉽게 이용할 수 있다. 또 DTC의 확대를 통해 웰니스나 개인의 특성을 보는 유전자 검사에도 보다 쉽게 접근할 수 있게 되었다.

하지만 개인 유전자 검사 확산에 대해 불편한 시선이 있는 것도 사실이다. 유전자 검사가 상품을 구매한 소비자들에게 정말로 도움이 되는지, 아직 일어나지도 않은 질병에 대해 지나친 공포감을 조성하여 추가 검진이나 영양제 구입 등 불필요한 2차 소비를 일으키는 것은 아닌지 등에 대한 우려 때문이다.

우리나라보다 앞서 유전체 검사가 보편적으로 실시되고 있는 미국은 어떨까? 소비자들의 반응과 소비 이후의 행동 변화를 살펴볼 수 있는 각종 연구결과들을 차례로 살펴보자.

우선 미국 소비자들은 어느 유전체 상품에 가장 관심이 많을까?

유전자 검사를 받기 전후로 검사 동기, 의사결정, 검사 결과의 유용성 등에 대해 23&me와 패스웨이 지노믹스의 소비자 1,648명에게 온라인 설문을 실시한 결과 조상 계통(74%), 개인의 특성(72%), 질병 위험도(72%)에 관심이 있어 서비스를 받았다고 답했다. 또 59%는 이러한 검사가 건강 행위에 영향을 줄 것이라고 했으며 검사에 대해 후회하는 경우는 2%, 검사가 해롭다고 생각하는 경우는 1%였다. 이 연구는 2017년 〈공중건강유전체학〉 저널에 실렸다.

유전자 검사에 대한 부정적 심리 반응의 예측 변수를 확인할 수 있는 연구도 진행되었다. 23가지 종류의 유전적 복합 질환에 대한 위험도 예측 검사를 시행한 네비제넥스의 소비자 2,037명을 조사한 결과, 심리적으로 민감한 그룹(431명)에 속하는 사람들은 그렇지 않은 그룹에 비해 특정 질환의 발병 위험이 높다는 것에 대해 심리적인 스트레스를 받는 것으로 나타났다. 즉 유전자 검사 결과가 일정 그룹에는 스트레스를 준다는 연구결과로 이는 2018년 〈커뮤니티 지노믹스〉에 발표됐다.

2010년 존스홉킨스 대학에서는 유전체 회사 3곳의 고객 1,051명을 대상으로 소비자 행동 변화 조사를 진행했다. 그 결과 42%가 유전자 검사 후 긍정적인 건강 행동 변화를 보인 것으로 나타났다. 주로 식이 패턴과 운동 습관에 변화가 있었고 보충제와 약의 섭취는 의료진과의 상담 후 복용했으며 한 개 이상의 항목에서 행동 변화가 있었다는 응답자들이 많았다. 이 결과는 2014년 〈네이처〉 저널에 실렸다.

또 유전자 검사를 받은 후 소비자의 행동 변화, 심리적 반응 등에 대해 조사한 19개 연구(대부분 미국에서 시행)의 메타 분석 결과에 따르면, 대상자의 23%가 긍정적인 생활 습관의 변화를 보였고 19%가 금연, 12%가 운동이나 다이어트 등을 하게 되었다. 불안이나 스트레스 등 부정적인 정신 반응은 낮거나 없었다(〈커뮤니티 지노믹스〉 저널, 2018년).

DTC 이후 의료계 연계에 대한 연구는 2016년 〈내과학〉 저널에 실렸다. DTC 유전자 검사 후 헬스케어 제공자와 1차 의료 제공자와의 상호 작용에 대한 소비자 인식을 조사하기 위해 23&me와 패스웨이 지

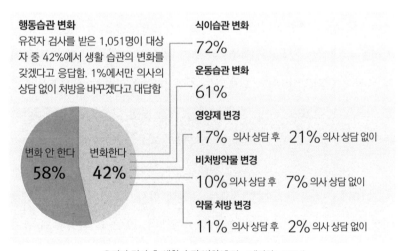

유전자 검사 후 생활 습관 변화(출처: <네이처>, 2014)

노믹스의 소비자 1,026명에게 설문을 실시했다. 그 결과 63%는 헬스케어 제공자에게, 57.1%는 1차 의료 제공자에게 유전자 검사 결과를 공유하고 논의할 의향이 있다고 답했다. 6개월 후 추적 조사한 결과 그중 8%, 27%가 실제로 그렇게 한 것으로 조사되었다.

또 다른 연구는 2014년 〈내과 유전학〉 저널에 실렸다. 네비제넥스의 DTC 유전자 검사 소비자 2,240명을 대상으로 1년간 추적 조사를 한 연구에서는 807명(36%)이 자신들의 검사 결과를 의사에게 공유해 자세한 건강검진을 받았다고 응답했다. 이는 의료계의 우려와 달리 직접 소비자 검사와 의료계 서비스가 연계될 수 있고 유전체 회사와 병원 간의 새로운 상생 모델로 이해될 수 있어 시사하는 바가 크다.

결론적으로 일각의 우려와 달리 질병 예측에 대한 약간의 스트레스는 부정적인 방향보다는 생활 습관 개선 등 긍정적인 방향으로 이어졌다. 또 질병의 조기 발견을 위한 의료계 서비스로 연계된다는 점에서도 긍정적이라고 할 수 있다.

아직 우리나라에서는 여러 이유로 유전자 검사의 확대가 제한적이지만 유전자 검사를 통한 건강 증진 모델은 전 세계적으로 꾸준히 증가하고 있는 만큼 우리나라 의료계와 일반 소비자들의 관심도 앞으로 더욱 높아질 것으로 기대한다.

노화 · 장수의 지표,
'텔로미어' 길이를 늘려라!

사람은 나이 들면서 여러 가지 생체 지표들이 변한다. 콜레스테롤 수치와 혈압이 올라가고 체지방이 증가하는 반면 골밀도, 근육량, 호르몬 수치는 감소하는데 이들을 모두 노화 지표라고 한다. 모든 노화 지표 중에서 노화를 가장 잘 반영하는 지표는 바로 '텔로미어telomere'다.

텔로미어는 염색체의 끝을 가리키는 헬라어 합성어이다. 염색체의 끝에는 특정 염기 6개TTAGGG가 수백~수천 개 반복되어 뭉쳐져 있다. 이는 체세포가 분열할 때마다 염색체가 같이 분열되는 것을 막아주는 역할을 한다.

나이가 들면 텔로미어의 길이가 점차 짧아지는데 해마다 약 25개 정도의 염기가 없어진다. 2012년 덴마크 코펜하겐에서 약 2만여 명을 대상으로 실시한 연구결과에서 신체 나이와 텔로미어 길이의 연관성 유의 확률은 무려 5×10^{-114}에 해당했다(보통 유의 확률은 5×10^{-2} 이하이면 통계적으로 의의가 있다고 한다). 특히 염증과 산화 스트레스는 텔로미어의 길이를 빠르게 감소시킨다.

텔로미어는 나이뿐 아니라 사망률과도 관련이 있다. 덴마크에서 약 6만 5,000명을 대상으로 연구한 결과 텔로미어가 가장 짧은 하위 10% 구간이 가장 긴 상위 10% 구간에 비해 사망률이 1.4배나 높았다고 한다. 또한 텔로미어는 질병과도 관계가 깊다. 비만, 당뇨, 고혈압, 심혈관 질환, 암 환자들이 건강한 사람에 비해 텔로미어 길이가 짧다는 연구결과는 이미 상당히 많이 보고되었다.

짧아진 텔로미어가 질병을 일으키는 것일까 아니면 질병 또는 질병을 일으키는 염증, 비만 등의 기전이 텔로미어를 짧게 하는 것일까. 원인과 결과의 관계는 명확하지 않지만 어쨌든 남들에 비해 텔로미어의 길이가 짧으면 질병이 있을 가능성이 더 높은 것만큼은 분명한 사실이다.

또한 많은 연구에서 특정 생활 습관이 텔로미어 길이에 영향을 준다고 발표했다. 2014년 국제 비만지에 발표된 연구 논문에서는 5년간 지중해 식이를 지속했더니 텔로미어 길이가 길어졌다고 했는데 이는 지중해 식이가 항노화에 도움을 줬다는 의미이기도 하다.

2013년 〈란셋〉에 발표된 연구 논문에서는 전립선암 환자들이 5년간 꾸준히 운동한 결과 텔로미어 길이가 길어졌다고 밝혔다. 백혈구의 텔로미어는 체중 감량, 운동, 식이습관의 개선만으로도 비교적 짧은 시간 내에 바로 길어질 수 있어 건강한 생활 습관의 지표로도 활용될 수 있다.

필자가 차의과 대학에 있을 때 진료실로 찾아와 2개월 동안의 체중 감량을 실시한 환자의 전후 텔로미어를 측정했더니 1명을 제외하고 모두 의미 있게 텔로미어 길이가 길어졌다. 보통 임상에서 검사하는 텔로미어는 혈액 내 백혈구의 DNA 분석을 통해 측정하는데, 이 백혈구의 수명이 대략 2주 가량이기에 이론적으로는 텔로미어는 2주간의 생활 습관 개선만으로도 늘어날 수 있는 것이다.

건강 기능 식품 중에는 비타민 A, B, C, E 같은 항산화 비타민이 텔로미어 길이와 관련이 있다. 2016년 임상영양학지에는 오메가 3가 텔로미어 길이를 길게 했다는 연구결과도 발표됐다. 텔로미어를 길게 하는 보다 확실한 영양소, 즉 불로초를 찾기 위한 경쟁도 전 세계적으로 벌어지고 있다. 가장 대표적인 그룹이 생명공학회사 '제론'이다.

제론은 사이클로아스트라제놀cycloastragenol이라는 성분이 텔로미어 길이를 길게 하는 텔로머라제 효소를 활성화시킨다는 사실을 발견했는데, 이 물질은 황기에서 추출하는 것으로 알려졌다. 이 물질에 대한 양도권을 사업자 노엘 패튼이 획득해 'TA 65'라는 이름으로 출시했고 쥐와 사람을 대상으로 한 임상 시험 결과도 발표했다. 임상 시험 결과에서는 텔로미어의 길이뿐 아니라 근육량, 기억력 등 주요 노화 지표도 개선되었음을 보여주었다.

필자가 근무하는 병원에서도 텔로미어 측정을 통해 노화 지표를 측정하고 운동이나 식이개선의 전후 비교 지표로 사용한다. 텔로미어와

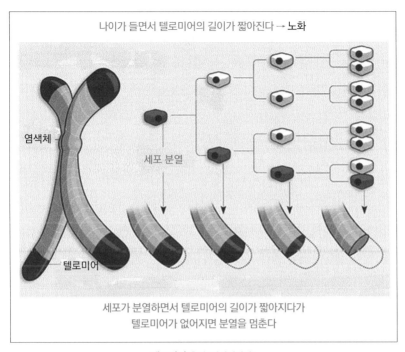

텔로미어(출처: 메디에이지)

노화·수명의 연관 관계를 최초로 밝힌 블랙번 교수는 지난해 발간한 저서 『텔로미어 효과』에서 "만성 스트레스는 텔로미어를 더 짧게 만드는 원인"이라며 "가벼운 운동이나 충분한 휴식·명상을 통해 스트레스를 관리해야 텔로미어 단축 속도를 상대적으로 늦추고 건강하게 수명을 연장할 수 있다."고 밝혔다.

진료실에서는 텔로미어를 종종 중간고사에 비유한다. 이번 중간고사 성적은 반에서 55등밖에 못했지만, 운동도 열심히 하고 금연을 하며 좋은 음식을 먹는 노력을 한 후 기말고사에서는 반드시 10등 안에 들자고 환자들을 격려한다. 즉 그동안 노화 방지에 도움이 된다고 막연하게 강조했던 생활 습관 개선이 노화를 측정할 수 있는 지표 개발을 통해 보다 명확히 설명되고 있는 것이다.

주민등록 나이가 아닌 건강 나이를 제대로 측정할 수 있는 텔로미어 분석을 통해 나의 노화 속도를 측정하고 적극적으로 생활 습관을 개선하는 것, 이것 역시 100세 시대를 맞은 우리에게 필요한 또 하나의 새롭고 똑똑한 건강 행위이다.

건강 100세 시대를 이끄는
'장수 유전자'

우리나라의 기대 수명은 1960년 이후 꾸준히 증가해 현재 여성은 85.6세, 남성은 79.5세로 특히 여성의 경우 세계 4위에 해당한다. 무엇이 이토록 짧은 시간에 대한민국을 장수 국가로 만들었을까? 질병을 조기에 진단·치료하는 의료 시스템과 위생·영양 수준의 증가 등이 전체적인 수명 증가에 기여했을 것으로 추측한다.

하지만 분석 단위를 개인이나 가족 단위로 축소하면 여전히 수명 차이는 크다. 누구는 단명하고 누구는 장수한다. 특히 장수하는 집안의 되물림 현상을 볼 때 우리는 오래 살게 하는 장수 유전자, 즉 므두셀라 유전자가 과연 있을까 하는 궁금증을 갖게 된다. 여기서 말하는 므두셀라는 구약 성경에서 가장 오래 산 사람의 이름인데 그의 수명은 무려

969세다.

과학자들은 대략 25% 정도에서 유전자가 장수에 영향을 미친다고 설명한다. 하지만 수명에는 질병의 유무, 개인의 생활 습관, 영양 상태 등이 복합적으로 작용하기 때문에 수명에 영향을 미치는 유전자를 찾기란 쉽지 않다. 최근에는 현대 유전체 연구의 대표적인 방법인 전장유전체연관분석GWAS을 통해 장수 유전자를 찾는 연구들이 진행됐다.

2017년 영국바이오뱅크 데이터에 보관된 60만 6,000명의 유전자와 부모의 사망 나이를 분석한 결과에 따르면, 가장 강력한 노화 유전자로 HLA-DQA1, LPA, CHRNA, APOE, CDKN2A/B, SH2B3, FOXO3A 등 7개의 유전자를 찾았는데 이는 면역이나, 치매, 심혈관 질환 등과 관련된 유전자였다.

이들 유전자의 변이에 따라 약 0.6~0.7년 정도 수명의 차이가 있다. 이 연구는 과학 잡지인 〈네이처 커뮤니케이션〉에 발표됐다. 이들 유전자를 거꾸로 보면 심혈관 질환, 암 면역 질환, 치매 등이 결국 수명 단축 요인인 것이다.

노화 또는 장수와 관련된 유전자 연구는 대표적인 장수 유전자들이 음식과 환경에 의해 어떻게 조절되는지를 보는 후성 유전학적 연구들로 이어졌다.

연구에 따르면 대표적인 장수 유전자인 시트루린SIR2은 체내의 대사 조절, 스트레스 저항성 증가, 체내 에너지양 조절, DNA 손상 방지 등을 통해 당뇨병, 염증, 신경계 퇴행성 질환을 막는 데 중요한 역할을 한다고 설명한다.

2009년 미국 위스콘신국립영장류연구소WNPRC 연구자들은 과학 저널 〈사이언스〉에 발표한 논문에서 칼로리를 30% 낮춘 원숭이 집단의 수명이 길었을 뿐 아니라 암, 심장 질환, 당뇨병 같은 질환에 걸릴 가능성도 낮았다고 보고했는데 이때 관여한 유전자가 바로 시트루린 유전자였다.

또 다른 장수 유전자로 알려진 폭소 유전자FOXO3는 동서양인에 관계없이 100세 이상 초고령 노인들에서 이 유전자의 변이가 발견되곤 한다. 폭소 유전자도 세포주기와 당 대사, 에너지 항상성을 조절하고 손상된 DNA를 복구하며 산화 스트레스와 염증을 줄인다. 노화를 해결한다고 해서 '마스터 유전자'로도 불린다.

실제로 세계적인 장수 마을로 알려진 오키나와 주민들을 대상으로 폭소 유전자를 분석했더니 이 유전자의 특정 변이가 있는 그룹에서 사망률이 현저히 낮은 것으로 보고됐다. 일본인만 그런 것이 아니라 폭소 유전자는 모든 인종에서 장수를 유도한다.

그런데 연구자들은 이 유전자의 변이가 없어도 특정 음식을 먹으면 똑같이 장수한다는 것을 밝혀냈다. 그 원동력은 바로 '오키나와 전통 식단'이었다. 장수 유전자의 존재 못지않게 그 유전자를 더욱 강화하는 식단도 중요한 것이다.

아직까지는 유전자만으로 자신의 기대 수명을 예측하기는 어렵다. 하지만 질병을 조기 진단하거나 미리 예측·예방해 실제 그 병에 걸리지 않게 하는 것이 무병장수로 나아가는 필요조건이다. 따라서 유전자 분석의 발전은 건강 100세 시대를 다가오게 할 가장 확실한 무기가 될 수 있다.

　유전자는 결코 운명이 아니다. 좋은 음식과 건강한 생활 습관으로 끝없이 유전자를 건강하게 하는 후성 유전학의 발전 역시 인류를 보다 지혜롭게, 보다 오래 살게 하는 데 기여할 것이라고 믿는다.

마이크로바이옴,
장내 미생물이 인간을 지배한다

최근 의학계와 산업계에서 가장 뜨거운 핫이슈 중 하나가 장내 미생물 균이다. 인간의 세포는 약 10조 개인 데 비해, 인간의 몸속 미생물 균의 총합은 이보다 10배가 많은 약 100조 개로 알려져 있다. 휴먼 게놈이 약 2만 2천여 개의 유전자인 데 반해, 미생물들의 유전자 총합은 인간 유전자의 100배 이상인 약 330만 개로 알려져 있다. 인간의 게놈은 서로 0.3%만 다른 반면, 인간 내에 존재하는 미생물 균주는 80~90%가 서로 다르다. 인간이 가지고 있는 질병의 약 90%는 어떤 방식으로든지 장내 환경 혹은 미생물과 연관이 있다. 한마디로 인간의 다양성은 장내 세균에 의해 결정된다고 보면 된다. 이들 장내 미생물의 총합을 '마이크로바이옴Microbiome'이라고 부르며 차세대 염기서열 분석NGS 방법의 발달로 손쉽게 개인의 장내 미생물 분포를 알 수 있게 되었다. NGS의 발달로 장내 미생물의 종species까지 분석이 가능해지면서 단순히 나쁜 균, 좋은 균의 개념이 아니라, 얼마나 다양한 장내 미생물의 분포가 있는지가 건강한 장인지 나쁜 장인지를 결정하는 것을 알게 되었다.

최근의 연구들에 의하면, 장내 미생물 균은 과민성 장과 같은 장 증상에만 영향을 주는 것이 아니라, 비만, 아토피 같은 피부염, 면역 질환, 대장암과 유방암, 심혈관 질환, 우울증과 불면 그리고 치매에까지 영향을 준다고 한다. 특별히 장은 제2의 뇌라고 불리는데 장내 미생물은 뇌에 작용하는 신경 전달 물질에 영향을 주기도 하고, 스트레스나 우울 같은 뇌의 영향이 반대로 장내 미생물에 영향을 주기도 한다. 그야말로 장이 편해야 몸과 마음이 편한 것이다. 특별히 비만과 관련된 장내 미생물에 대한 연구들이 많이 진행되어 왔는데, 2006년 세계적인 의학지인 〈네이처〉에 미국 워싱턴의 고든Jeffory Gordon 팀이 "비만이 장내 세균과 관련이 있다"는 연구 논문을 발표한 것이 계기가 되었다. 즉 정상 쥐에 비해 비만 쥐에서 장내 세균의 분포가 박테로이데스Bacteroides 균은 적고 퍼미큐티스Fermicutes 균이 증가한 것을 규명한 것이다. 그로부터 10년 뒤인 2016년에 예일 대학의 쉴만Gerald Shulman 연구진이 〈네이처〉에 실은 논문에서 구체적으로 장내 세균이 비만에 이르는 기전을 규명하면서 대중들에게 깊은 인상을 남겼다. 흔히 말하는 뚱뚱 균, 날씬 균 이론이 여기서 나온 것이다.

장내 미생물에 영향을 주는 대표적인 요인들은 무엇이 있을까? 동물

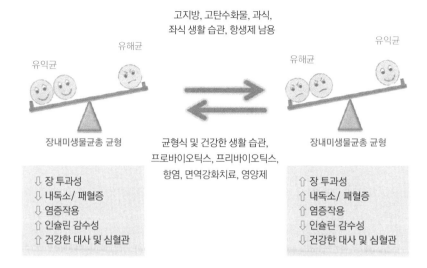

고지방, 고탄수화물, 과식,
좌식 생활 습관, 항생제 남용

유해균   유익균
유익균

균형식 및 건강한 생활 습관,
프로바이오틱스, 프리바이오틱스,
항염, 면역강화치료, 영양제

장내미생물균총 균형   장내미생물균총 균형

⇩ 장 투과성   ⇧ 장 투과성
⇩ 내독소/ 패혈증   ⇧ 내독소/ 패혈증
⇩ 염증작용   ⇧ 염증작용
⇧ 인슐린 감수성   ⇩ 인슐린 감수성
⇧ 건강한 대사 및 심혈관   ⇩ 건강한 대사 및 심혈관

장내 미생물에 영향을 주는 요인들(출처: 『유전체, 다가온 미래 의학』, 2018)

성 음식이나 기름진 음식과 음주, 과도한 설탕의 탐닉, 그리고 항생제의 남용 등이 그 요인으로 꼽힌다. 그러므로 장내 환경을 건강하게 하기 위해서는 기름진 음식을 피하고 설탕 등 단당류 대신 섬유소가 풍부한 음식을 먹도록 하자. 이를 장내 미생물이 좋아하는 먹이라고 해서 흔히 프리바이오틱스Prebiotics라고 부르는데 과일, 야채 등에 소량 들어 있는 천연 다당류를 말한다. 또한 유산균(프로바이오틱스) 등 좋은 유익균을 많이 섭취하여 장내 미생물의 환경을 건강하게 만들도록 해야 한다. 중요한 개념으로 미생물 먹이Microbiota-accessible carbohydrates, MAC라는 것이 있다. 이는 사람이 소화를 하지 못해, 대장의 미생물에게까지 전달되는 복잡한 탄수화물 종류로, 장내 세균은 MAC를 분해해서 건강에 이로운 짧은 사슬 지방산 같은 물질을 많이 만들어낼 수 있다. 특별히 서구식보다는 전통 한식이 MAC가 풍부한 음식이므로 식단의 다양화를 통해 보다 건강한 장을 유지해야 한다.

촘촘하게 막혀 있는 장 점막의 구조가 스트레스, 항생제 남용 등 여러 가지 이유로 느슨해져 있어서 그 사이로 장내 미생물의 독소들이 침투하여 피로감, 피부질환 등을 일으키는 것을 새는장증후군Leaky-gut syndrome이라 하는데 이때 손상된 장 점막을 회복시키는 초유도 도움이 된다. 앞서 말한 것처럼 스트레스도 장내 미생물을 증식시키는 요인이므로 스트레스를 낮게 만드는 과도한 업무 환경과 경쟁적인 관계들을 조정하도록 하자. 최근엔 건강한 사람의 대변으로 만든 미생물총을 약제 형태로 제작하여 장내 세균을 치료하기도 한다.

마이크로바이옴과 관련해서 국내에서도 많은 회사들이 다양한 방식으로 새로운 연구와 사업을 시작하고 있다. 대표적인 주자가 서울대 천종식 교수가 세운 천랩㈜이며 2019년 12월에 마이크로바이옴 회사로는 처음으로 코스닥에 상장을 했다. 단순히 장내 미생물총을 분석하는 것을 넘어서서 마이크로바이옴에 기반하여 신약 개발까지 분야를 넓히고 있다.

유전자로 암을 진단하는 정밀 의학 시대, 액체 생검

혈액 한 방울로 암을 진단한다는 이야기를 들어본 적이 있는가? 암의 진단은 현재로서는 CT나 MRI 같은 방사선 검사를 통해 이루어지고, 확진은 직접 조직 검사를 통해 이루어진다. 그러나 CT는 방사능 물질이 많이 생겨서 자주 찍기 어렵고, MRI는 고가의 비용이 드는 단점이 있다. 무엇보다 증상이 생겨서 방사선 검사를 할 정도이면 이미 진행된 암일 경우가 많다. 그래서 과학자들과 임상가들은 암의 초기 단계에서도 혈액을 통해 손쉽게 암을 진단하고 싶어 했다.

혈액으로 암을 진단한다는 과학자들은 그동안 많이 나타났다. 이 중에는 과학 역사에 길이 남을 '테라노스 사기 사건'도 포함된다. 스탠퍼드 대학 화학과 출신인 엘리자베스 홈즈는 지난 2003년 19살의 나이로 바이오 스타트업 테라노스를 창업했다. 이 회사는 피 한 방울로 260여 개의 질병을 진단할 수 있는 메디컬 키트 '에디슨'을 개발했다고 홍보하며 실리콘밸리를 대표하는 혁신 기업으로 부상했다. 기업 가치는 90억 달러(약 9조 6,000억 원)까지 급등했고 지분의 절반 이상을 보유했던 홈즈는 최연소 여성 억만장자가 됐다. 거침없는 입담과 검은색 터틀넥 셔츠로 주목을 받으며 '여자 잡스'로 불리기도 했다. 그러나 묻지마 투자자들과 달리 정통적인 과학자들과 언론들은 그녀의 어설픈 발명품에 많은 의문을 제기했고, 〈월스트리트 저널〉은 2015년 에디슨이 실제로 진단할 수 있는 병은 가장 기초적인 10여 종에 불과하다는 사실을 고발했다. 이후 테라노스의 기업 가치는 '0'으로 추락했다. 회사는 투자 자금이 빠져나가고 각종 소송을 당해 결국 파산하게 되었다.

이처럼 혈액을 통해 암을 진단한다는 방식의 여러 시도는 종종 실패로 끝났다. 이미 수십 년 전부터 병원과 검진센터에서 시행하고 있는 단백질을 이용한 암지표 검사는 흔히 암 검사로 이용되어 왔다. 그러나 낮은 민감도와 특이도로 인해 이 검사가 양성이어도 암이라고 확답할 수 없고, 음성이어도 암이 아니라고 할 수 없는 애매한 검사로 인식되었다.

그러나 유전자 검사의 발전은 이런 기존의 혈액을 통한 암 진단의 패러다임을 바꾸고 있다. 암이 진행되는 초기 단계부터 빠르게 대사가 되는 암이 성장하려면 많은 신생 혈관들이 필요하다. 이 신생 혈관을 통해 암세포나 암에서 유리되는 DNA들이 혈관 속에 떠다니는데, 과학 기술의 진보로 인해 환자의 혈액에서 암세포에서 유리된 DNA를 캡처할 수 있게 되었고, 이들 DNA에서 암의 성격을 결정적으로 규명할 수 있는 체세포 변이 DNA도 발견할 수 있게 되었다. 이 혈장 내 유리된 DNA를 잡아내는 기술이 NGS 발달과 더불어 보다 정교해지면서 미국 식약처에서는 대장암과 폐암 등 일부 암에서 특정 유전자의 혈액 내 진단을 허가하기 시작했다. 심지어 기존의 조직 검사를 대체할 수 있다고 해서 이를 액체 생검 liquid biopsy이라고 부르며, 전 세계의 유수한 유전체 기업에서 앞다투어 개발을 하고 있는 첨단 암 검진으로 부상하고 있다.

액체 생검은 현재 암을 진단받았거나 조직검사적 접근이 어려워서 암의 특성을 규명하기 어려운 경우에 가장 먼저 사용된다. 암에서 유리된 DNA 특성을 파악하여 맞춤 항암제를 선택하게 되는 것이다. 또한 암 치료가 끝났으나 재발의 위험이 있는 경우 환자를 주기적으로 관찰하고 추적하는 데 이 기술이 사용된다.

그러나 사람들이 가장 관심을 갖는 것은 역시 암의 조기 발견, 조기 진단을 위해 이 기술을 사용하는 것이다.

전 세계 유전자 분석의 75% 이상을 차지하는 미국의 거대 기업 일루미나Illumina의 자회사인 그레일Grail은 아마존 등으로부터 무려 1조를 투자받아서 10만 명 이상의 유방암 환자들을 대상으로 액체 생검의 조기 암 검진으로서의 가능성을 위한 임상 연구를 진행 중이다. 현재 일부 데이터가 공개되고 있는데 암이 진행된 3기, 4기에서는 만족스러운 결과를 얻고 있으나 암의 조기 진단에 해당되는 1기, 2기 암에서는 좋

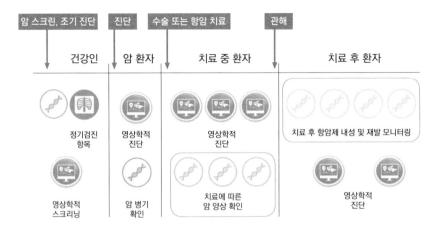

액체 생검의 임상적 이용(출처: 테라젠이텍스)

은 성과를 보이지 않고 있다. 그러나 최근 암 세포의 DNA에서 체세포 변이뿐 아니라 후성 유전학적 현상인 DNA 메틸화의 변화를 통해 1기, 2기 암의 민감도를 높이려는 다양한 시도가 진행되고 있어 이 분야의 전망을 밝게 하고 있다.

국내의 대표적인 기업인 이원다이애그노믹스EDGC가 DNA 메틸화를 통한 암의 조기 진단에 도전장을 낸 상태이며 곧 상품으로 출시할 예정이다. 2019년에 코스닥 상장을 한 지노믹트리㈜는 분변에서 얻은 DNA의 메틸화 패턴에 따라 대장암을 진단하는 방법으로 신데칸-2Syndecan-2 유전자의 비정상적 메틸화가 대장암과 밀접한 관련이 있음을 발견해 진단 검사에 적용했다. 이는 국내 식약처의 허가를 얻어 병원을 통해 처방되고 있으며, 용종과 대장암에 대한 민감도와 특이도가 각각 90% 정도에 해당되는 꽤 높은 정확도를 가지는 것으로 알려져 있다.

이처럼 정밀 의학의 발달로 암을 조기에 진단하는 시대가 성큼 다가오고 있다. 인류가 100세까지 건강하게 살려면 가장 큰 위험 요소인 암을 조기에 진단하는 것만큼 효과적인 전략은 없다. 나아가 암의 전 단계에서 분자 생물학적 진단의 시대가 열려, 암이 진행되기 전에 적극적으로 예방하는 시대가 열릴 것으로 보인다.

내 암 유전자에 따른
맞춤 항암제의 선택

예전에 항암제는 암 종류에 따라 표준 항암제가 정해져 있었다. 즉 폐암이면 모든 환자들이 같은 항암제로 치료를 받았는데 때로는 부작용으로 힘든 경우도 빈번했고, 무엇보다 항암제가 듣지 않는 경우가 많았다. 전통적인 항암제로 치료할 경우 평균적으로 70%에서 항암제의 효과가 나타나지 않았다.

우선 맞춤 항암제에 대해 이야기하기 전에 암이 생기고 진행되는 기전에 대해 잠시 살펴보면 다음과 같다. 앞서 이야기한 게놈의 변이들은 주로 선천적으로 부모에게서 물려받은 변이인 생식세포 변이germ-line mutation이다. 즉 혈액 내 백혈구이든 구강 점막이든 폐 조직이든 모든 세포의 DNA에는 날 때부터 부모로부터 정해진 유전체의 변이가 동일하다. 그러나 암이 생기는 경우에는 특정 장기의 특정 조직 DNA가 후천적으로 망가져서 정상 세포의 기능을 못하고 종양 세포가 마구 자라게 되는데 이런 변이를 체세포 변이somatic mutation라고 부른다. 그런데 같은 폐암이라도 폐 조직에서 어떤 유전자의 변이가 생기는지에 따라 암의 성격이 달라지고 당연히 항암제의 효과도 달라진다. 아래 그림 과같이 폐암adenocarcinoma(폐선암)에 걸린 경우에 누구는 EGFR 유전자의 변이 때문에 암이 생기고 누구는 K-RAS 유전자의 변이 때문에 암이 생기면 폐암이라도 이를 같은 암이라고 할 수 없다.

다국적 제약회사에서는 이렇게 암이 생기는 과정 속에서 생겨나는 체세포 변이에 맞추어 항암제를 개발해왔는데, 한 번쯤 들어봤을 만한 '이레사'라는 항암제가 바로 EGFR 변이에 맞추어 개발한 항암제이다. 먹는 항암제인 이레사는 기존의 주사 항암제보다 부작용이 적고, 유전자

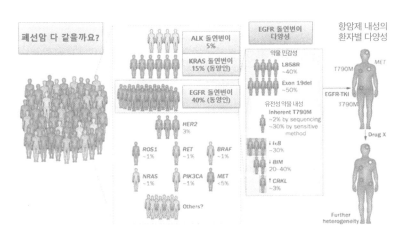

폐암의 표적 항암제 치료의 예시(출처: NEJM)

에 맞추어 치료하면 효과가 더 뛰어난 것으로 알려졌다. 이렇게 유전자 검사의 발달로 자신의 암 조직에서 체세포 변이를 분석하여 치료하는 것을 마치 과녁을 정조준한다는 의미에서 표적 치료제target therapy라 부르고 표적 치료제의 대상 환자를 사전에 선별하는 유전자 변이 검사를 동반 진단companion diagnosis이라고 부른다.

우리나라 보건복지부는 2017년 3월부터 암 환자와 희귀 질환자의 NGS 유전자 패널 검사를 건강보험 급여 대상 질환에 포함시켰다. 여기에 포함된 질환은 위암, 대장암, 폐암, 유방암, 난소암, 흑색종을 비롯한 고형암 10종, 혈액암 6종, 유전 질환 3종 등을 포함한 기타 유전 질환이다. 본인 부담 50%의 건강보험이 적용된 이후 환자의 개인 부담은 약 45~66만 원 선이 되었다. 보건복지부는 1차적으로 NGS 검사 장비와 인력을 갖춘 22개 기관을 'NGS 유전자 패널 검사 기관'으로 승인했다. 또한 신고된 항목에 대한 검사만 할 수 있도록 했고, 12월 2차적으로 21곳을 추가적으로 승인했다. 이처럼 정부에서도 국가가 비용을 내서 이 새로운 검사법을 보험으로 인정해주는 것이, 불필요하고 무분별한 항암 치료제를 사용하는 것보다 경제편익적으로도 낫다고 판단하는 것이다.

유전자의 발달은 나아가서 제3의 항암제라고 하는 면역 항암제의 시대를 앞당겨 왔다. 암을 치료하기 위해서는 암세포를 공격하는 것도 필요하지만, 암을 이겨내는 면역 세포를 증강시켜서 스스로 암을 이기게 하는 전략 또한 중요하다.

여러 다국적 회사들이 주목한 면역 세포는 T세포이다. 암세포를 초기부터 감시하고 바로 공격하는 데 있어서 T세포를 활성화시키는 것이 중요한데, 암은 워낙 똑똑해서 이 T세포의 초기 활동을 무력화시키곤 했다. 그러나 T세포의 관문 억제제라는 PD-1, PDL-1 등의 항암제들을 경쟁적으로 개발하면서 기존의 항암제보다 훨씬 뛰어난 생존율을 보이는 등 암 치료에 새로운 장을 열게 되었다.

그러나 불특정 다수에게 이 면역 항암제로 치료하는 지금의 방식도 곧 유전자의 변이에 따라 맞춤 면역 항암제를 선택하는 방법으로 변화하게 될 것이다. 나아가 자신의 면역 시스템인 HLA 유전자의 생식 세포 변이와 암 세포의 체세포 변이 등을 동시에 고려하여 자신만의 면역 치료제를 조합하는 방식의 암 백신 치료도 조만간 시장에 선보일 예정이다. 이처럼 유전자 지식의 발달은 기존에 초가삼간 다 태우며 간신히 암을 잡던 시절과는 수준이 다른 암 치료의 새로운 지평을 열고 있다. 이 것을 정밀 의학Precision medicine이라고 부른다. 마치 지상의 적을 한 치의 오차도 없이 폭격하는 정밀 폭격Precision attack과 같이 암 세포만 골라 치료하는 정밀 의학의 시대가 영원한 난제일 것 같은 암 정복을 성큼 다가오게 하는 것이다.

산모의 혈액에서
태아의 유전자를 분석한다

임신 중에 산모의 채혈을 통해 다운 증후군 같은 염색체 질환을 의심하는 수치beta-HCG가 증가하면 산모들의 불안은 매우 높아진다. 불과 몇 년 전까지만 해도 이런 경우에는 임신 16~18주 사이에 양수 천자라는 방식으로 다운 증후군 여부를 확진했었다. 양수 천자는 산모의 복부에 초음파를 대고, 가느다란 바늘침으로 복부를 뚫어 태반의 조직을 가져오는 위험한 방식의 검사법으로 이 과정에서 약 5% 정도 태아를 찌르는 의료 사고를 내기도 한다. 검사를 하지 않고 그냥 출산하기도 난처하고, 검사를 하자니 산모와 태아에 모두 부담이 되는 검사법이다.

그러나 몇 년 전부터 양수 천자가 아닌 비침습적 산전 기형아 검사인 니프트NIPT, Non-Invasive Prenatal Test라는 검사로 대체하기 시작했다. 니프트란 산모의 혈액에서 태아의 DNA를 검출하여 태아의 염색체 이상을 측정하는 검사를 말한다. 양수 천자보다 훨씬 안전하며 검사 시기도 양수 천자보다 빠른 9~10주 사이에 가능하다. 이 시기에 산모의 혈액에 떠다니는 DNA의 약 4%가 태아의 DNA인 것이다. 임신 10~20주에는 태아의 DNA가 10~15%로 늘어나서 검사의 정확도를 더욱 높일 수 있다.

미국의 산부인과 학회에선 이 새로운 방법에 대한 가이드라인으로 35세 이상의 산모, 초음파 검사상 기형아가 의심될 때, 이전 임신에서 다운 증후군의 아이를 출산한 경우, 혈액에서 beta-HCG가 증가한 경우 등에서 이 니프트 방식의 산전 검사를 하도록 권고한다.

현재 기술로는 임신 10주 전후에 니프트 검사를 하는 경우는 양수 천자와 비교해서 99%의 높은 정확도를 가지는 것으로 알려져 있다.

전 세계적으로 중국의 베이징게놈센터, 미국의 시퀀놈, 나테라 등이 이 분야에서 선두를 달리고 있고 국내에서도 이원다이애그노믹스, 녹십자게놈, 지놈케어 등이 각각 차세대 염기서열 분석NGS 기반의 니프트 서비스를 제공하고 있다.

이 기술을 처음 선보일 때는 정확도가 떨어진다는 이유로 외면했지만 불과 몇 년 사이에 정확도뿐만 아니라, 다양한 임상 활용 측면에서도 기존의 양수 천자 방법을 대체했다. 아직 제공되는 서비스는 아니지만, 산모의 혈액에서 얻은 태아 DNA를 통해 유전자 변이뿐만 아니라 주요 유전자의 후성 유전학적 상황을 파악함으로써 질병을 예방하기 위한 산모

니프트(NIPT)의 개념도(출처: EDGC)

의 음식 등에 대한 가이드라인이 나올 수도 있을 것이다.

이처럼 기술의 진보 덕분에 검사법의 위험도가 점점 최소화되고, 보다 편리하고 정확하게 만들어졌다. 이것이 정밀 의학의 발달이 가져오는 새로운 진료의 한 예이다.

임신 전 배아 단계에서
태아의 유전자를 분석한다

현대 유전체 기술의 발달은 새로운 수준의 사회적, 윤리적 이슈를 만들어왔다. 예를 들면, 임신 중에 태아의 유전자 검사가 가능하다면 어떤 생각이 먼저 드는가?

필자는 국가생명윤리위원회(국생위) 유전자 전문 위원 소속으로 일 년에 몇 번씩 모여 유전자와 관련된 국가의 중요 정책에 대해 전문적인 의견을 내고, 국생위가 옳은 결정을 하도록 조언하는 역할을 한다. 얼마 전 국생위에서 결정된 안건 중 급성괴사성뇌증 등 24종 질환에 대해 추가 임신 전 배아 단계 혹은 임신 중 태아 단계에서 유전자 검사를 허용하는 안건이 통과했다. 이는 2020년 보건복지부 고시로 바로 실시되었다. 이미 근이영양증 등 희귀 질환 165종에 대해 유전자 검사를 허가했고 이번에 추가적인 24종을 합쳐 모두 189종의 희귀 질환에 대해 유전자 검사를 허가했다.

배아 혹은 태아 유전자 검사란?

희귀 질환은 다른 말로 단일 유전자 질환single gene disorder으로 불리기도 한다. 즉 유전자의 결함으로 인해 심각한 질병이 생기는 경우이다. 이는 멘델의 법칙에 의해 한쪽 부모가 특정 유전자에 결함이 있을 때 1/2 혹은 1/4 확률 등으로 다음 임신에도 영향을 주는 경우를 말한다. 다만 이런 유전자 결함은 매우 드문 현상이므로 이를 희귀 질환이라 부른다.

이미 이런 종류의 장애를 갖고 있는 엄마나 아빠 한쪽이 결혼했을 때 당연히 자녀가 자신과 같은 희귀 질환을 갖게 될 것에 대해 불안해 하는 것은 당연하다. 혹은 정상적인 부모라도 첫째 아이가 이미 희귀 질환을 갖고 태어나서 정상적인 발달을 하지 못하고 심각한 장애를 경험했다면 두 번째 임신에 대해 부담이 큰 것은 당연하다. 유전자 단위를 넘어서 염색체 자체에 결함이 있는 경우는 정상적인 출산이 어렵고 반복적인 사산을 경험하기도 한다. 이처럼 모두에게 별 문제 없어 보이는 임신과 출산이 누구에게는 매우 두렵고 버거운 상황일 수 있다.

현대 의학에서는 배아 또는 태아 단계에서부터 보다 큰 단위인 염색체 질환뿐만 아니라 유전자 단위까지 분석이 가능하다. 체외 수정을 통해 임신하는 경우는 실험실 수준에서 정자와 난자를 합쳐 수정란을 만든다. 착상되기 전의 수정란에서 DNA를 얻어 염색체를 분석하는 것을 착상 전 유전 스크린Preimplantation Genetic Screen, PGS 검사라고 하고, 유전자 단위까지 분석하는 경우를 착상 전 유전 진단Preimplantation Genetic Diagnosis, PGD이라 부른다. 염색체 단위의 검사를 하는 PGS의 주된 적응증은 반복적인 착상 실패, 산모의 나이가 많은 고위험군, 원인을 알 수 없는 습관적인 유산을 경험한 산모, 특정 염색체 돌연변이가 있는 가족력 등이다. 이는 우리나라에서 어느 정도 허용된 검사이다. 앞 장에서 이야기한 것처럼 수정된 이후 태아 단계에서도 염색체 이상은 니프트NIPT라는 방식으로 분석이 가능하다. 그러나 유전자 단위의 검사는 엄격히 제한되어 있다. 염색체 이상의 경우 치명적인 발달장애를 겪거나 출산 전 사산될 확률이 높은 반면, 유전자 이상의 경우는 그 스펙트럼이 너무 넓어서 어디까지를 중증으로 볼지, 어디서부터 질병보다는 사람의 다양성으로 볼지가 애매하기 때문이다.

보통 희귀 질환을 가진 아이 부모들로부터 여러 방식으로 국가에 청원이 들어오면 국생위를 열어 심사하면서 매년 허용 가능한 유전자 검사를 추가하게 된다. 그러나 이 검사 항목을 추가한다는 것은 배아 혹은 태아 단계에서 유전자 검사를 하는 것에 그치지 않는다. 배아 단계에서 검사가 된다면 유전적 결함이 있는 경우는 수정의 선택에서 제외되는데 이는 자칫하면 우수한 유전자를 가진 아이만 임신을 허용하는 우성 사회로 갈 위험이 생긴다. 또한 태아 단계에서 허용된다면 낙태라는 불법을 암묵적으로 허용하는 결과를 낳게 된다. 이는 이미 그 질환을 앓고 있는 당사자나 그들의 가족에겐 국가가 낙태를 해도 되는 질환이라는 잘못된 메시지를 주는 또 다른 윤리적, 사회적 문제를 야기하기 때문이다. 그렇다고 해서 검사가 가능한 경우 수정란 선택에서 유전자

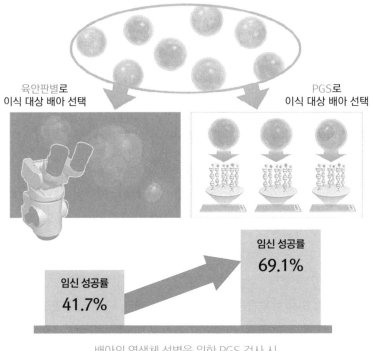

배아의 염색체 선별을 위한 PGS 검사 시
기존 육안 판별보다 임신 성공률이 크게 증가하였음
Ref) Molecular Cytogenetics (2012, 5:24)

착상 전 유전자 스크린 검사를 통한 착상 성공률의 향상(출처: 엠지메드)

결함이 없는 배아를 선택하는 것이 나쁜 것일까? 특히 이미 첫째 아이 출산을 통해 충격과 아픔을 경험한 부모에게 그다음 임신에서 피할 길을 제공하는 것이 그렇게 윤리적으로 어긋나는 것인지에 대한 문제 제기에는 쉽게 결론을 내지 못할 것이다.

이미 알려진 희귀 질환은 무려 8천 개나 된다. 이들 질환 중에서 유전자 검사 허용이라는 민원이 들어온 경우에 한해, 발병 시기가 유아나 청소년 시절 등 이른 시기에 발생하는 질환, 생명의 위협이 되거나 삶의 질이 현격히 떨어지는 질환, 치료법이 거의 없는 질환 등 각 항목을 점수 매겨 일정 점수 이상의 경우에만 조심스럽게 허용하고 있다. 물론 현행법상 두 부모 각각의 혈액을 통해 희귀 질환 유전자가 있는지를 검사하거나 출산한 신생아 대상의 희귀 질환 유전자를 분석하는 것은 가능하고 이에 대한 산업도 커지고 있는 추세이다.

일부 SF 영화에서 그려지는 것처럼 출생 전 배아나 태아 등에서 유전자 분석을 통해 머리가 좋은 유전자, 키가 큰 유전자 등을 골라내는 것과 같은 소위 우성학적 목적의 유전자 검사는 앞으로도 엄격히 제한될 것이다. 현대 의료 기술의 발전은 분명 유전자 편집 기술이 더욱 정교하게 되어 배아 및 태아 단계에서 망가진 유전자를 고치는 기술까지 이어질 것이다. 이 또한 논란의 여지가 있지만 그만큼 유전자 분석 및 편집 기술이 날로 발전하고 있다.

눈에 보이지 않는 바이러스,
유전자로 진단한다

지금 대한민국과 세계는 한참 코로나 바이러스와 전쟁 중이다. 염기 약 3만 개, 5개의 유전자로 구성된 직경 80~100nm(1 마이크로미터의 1/10)의 작은 미생물(엄격히 말하면 바이러스는 생물이 아니다)이 전 세계를 공포와 충격으로 몰아넣고 있다. 대한민국은 중국에 이어 가장 빠르게 전염병이 확산된 나라이지만, 이웃 일본과 미국, 유럽과 달리 초기부터 강력한 정책을 사용했다. 그것이 바로 바이러스 진단 키트를 통한 대규모 진단 및 조기 발견, 조기 격리 정책의 시행이었다. 그 결과 전 세계로부터 한국의 코로나 바이러스 진단 키트가 주목을 받게 되었다. 이미 5년 전 메르스 때 혹독한 경험을 했던 질병관리본부(질본)에서는 중국에서 감염이 확산될 때, 이미 코로나 바이러스의 유전자 시퀀싱 정보를 얻은 후 자체적인 분석을 거쳐 국내 유전자 진단 회사들을 통해 대량 생산을 해내기 시작했다. 이는 신천지라는 돌발 변수를 만나 방역 대책에 큰 위기를 겪던 대한민국이 수만 명 전수 조사라는 방식의 대규모 진단이라는 새로운 방역 정책을 가능하게 만든 중요한 인프라를 이룬 것이다.

이처럼 눈에 보이지 않는 세균, 바이러스, 곰팡이, 결핵균 등 감염병 분야에서 기존의 진단 방식인 배양, 혈청 방식이 아닌 미생물체의 유전자(게놈) 분석을 통한 분자 진단이 대세를 이루고 있다. 기존에는 감염병의 경우 균을 배양시켜서 현미경 등으로 관찰을 하는 방식으로 진단을 히였으나 바이러스처럼 배양이 쉽지 않은 감염원을 분석할 때, 그리고 대규모 진단이 필요할 때 새로운 방식의 진단 검사가 필요했던 것이다.

즉 PCRPolymerase chain reaction로 알려진 중합효소 연쇄반응이라는 기술이 분자 진단에서 선봉을 섰는데, 이는 특정 게놈의 유전자의 염기 서열을 짧게 읽어서 특정하고, 너무 작은 이 염기를 대량으로 증폭하여 DNA 양을 전기영동으로 측정하는 장비를 말한다. 중합효소란 유전물질인 DNA가 복제할 때 필요한 효소인데, 이를 연속적으로 계속 작용하게 하여 DNA를 많이 복제하게 한다는 뜻이다. 이와 같은 PCR 방식의 분자 진단법은 많은 감염병 진단에 적용되고 있다. 예를 들면 여성들이 흔히 산부인과에서 검사하는 자궁경부암 바이러스(인유두종 바이러스)나 B형 간염 바이러스의 경우에도 전통적인 방법으로는 이 바이러스를 배양시킬 수 없어서 바이러스에 대한 바이러스 게놈 분석을 통하여 진단한다. 특별히 이번 코로나 바이러스에 사용된 검사법은 리얼타임

PCRreal time PCR이다.

리얼타임은 말 그대로 '실시간'이란 뜻이다. 이는 일반 PCR처럼 특정 부위 게놈의 양을 증폭하는 것은 같으나 전기영동 대신 분광 형광 광도계 방식으로 DNA 양을 실시간으로 재는 방식으로, 이번 코로나 바이러스에도 이 방식으로 측정을 하였다.

이 PCR 방법으로 소량의 DNA를 증폭하여 검사하기에 민감도가 동시에 높고, 소량의 바이러스도 DNA 게놈 일치를 통해 분석하기에 특이도도 높은 것이다. 민감도는 한마디로 경찰이 용의자를 얼마나 놓치지 않고 잡느냐의 개념이고, 특이도는 검찰이 억울한 사람을 기소하지 말고 진짜 범인만 기소한다는 개념과 같다. 진단 검사에서는 이 민감도와 특이도를 합쳐서 정확도라 부르는데 유전자 기반의 분자 진단이 이 정확도를 높게 한 것이다. 실제 메르스 때는 민감도 100%, 특이도 100%에 해당되는 놀라운 정확도를 보여주었다. 이번 코로나 바이러스도 그와 유사한 수준의 정확도를 보여주고 있다. 특히 이런 특정 바이러스 대유행 시에는 민감도가 매우 중요하다. 즉 바이러스가 있는데 없다고 하는 가짜 음성(위음성)이 높으면 바이러스 보균자를 놓치게 되기에 위 음성이 거의 없는 민감도 100% 수준의 검사가 중요한 것이다.

종종 감염병의 진단을 항원-항체 검사법으로 진단하기도 한다. 대표적인 방식이 면역크로마토그라피법이라고 하는데, 이는 리트머스 시험지와 같은 방식의 진단으로 진료실에서 많이 검사하는 인플루엔자 독감 검사 같은 경우가 이에 해당된다. 다만 이 경우는 앞서 말한 민감도가 다소 떨어져(80~85%) 지금 같은 특정 바이러스가 대유행할 때 엄격한 관리의 목적에는 부합하지 않다. 그러나 이 방식은 현장에서 불과 10여 분만에 결과를 알 수 있어서 대형 병원이나 진단 검사 수탁 기관 등에서만 가능하다. 시간도 2~6시간 정도 걸리는 리얼타임 PCR 방식보다는 훨씬 빠르고 작은 규모의 진료 기관에서도 손쉽게 사용할 수 있는 장점이 있다.

게놈 분석을 통해서 정확도도 높고 동시에 항원–항체 방식으로 바로 검사 결과가 나오면 얼마나 좋을까? 이를 현장 진단Point-of-care, PPC이라고 부르며 감염병 진단의 새로운 패러다임을 제공하고 있다. 대표적인 기술이 미세유체 기술microfluidic device인데, 흔히 랩온 어 칩labon-a-chip, LOC이라고 불리며 검체의 전처리부터 혼합, 분리 및 분석의 전 과정을 하나의 칩 위에서 수행할 수 있도록 구현해준다.

위의 방식은 모두 특정 바이러스를 진단하는 목적으로 개발된 검사법이다. 즉 특정 바이러스가 유행하거나 자궁경부암 바이러스처럼 특정 질환을 일으키는 대표적 바이러스가 유행할 때, 그 바이러스의 게놈 일부를 분석하는 방식인 것이다.

그런데 만약 원인 미상의 감염병으로 고생을 한다면? 열이 심하게 나는데 바이러스 때문인지, 세균 때문인지 도무지 알지 못하는 경우에 더 많은 정보를 알 필요가 있다.

그래서 최근 세계 유전자 학회 등에서는 앞 장에서 말한 빅데이터를 분석하는 차세대 염기서열 분석NGS을 통하여 원인 감염원을 찾는 방식

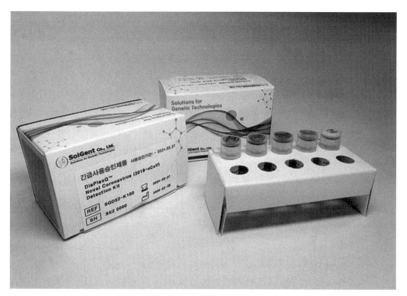

코로나19 바이러스 PCR 키트(출처: 솔젠트)

이 논의되고 있다. 특별히 요즘 주목받는 NGS 분석법이 2014년에 출시한 옥스포드 나노포어 테크놀로지Oxford Nanopore Technologies사의 게놈 해독 장비인 민아이온MinION이다. 손바닥 크기의 작은 사이즈로 노트북과 USB 케이블로 연결되어 결과를 15분 만에 볼 수 있는 획기적인 기술이다. 〈MIT 테크놀로지 리뷰〉에서 가장 혁신적인 제품으로도 선정되었던 이 장비는 1만 개의 염기를 한번에 읽을 수 있으며 100달러(약 10만 원) 정도의 가격을 목표로 지속적인 기술 혁신을 이루어가고 있다.

이런 방식의 유전자 기반 현장 진단법은 도시의 잘 발달된 의료 시설과는 동떨어진 시골 지역에서 더 빛을 발할 것이다. 이미 에볼라 바이러스나 지카 바이러스가 유행할 때 임상에 투입되어 활용된 적이 있었는데, 깊은 광산 지역에서 근무하는 근로자가 열이 날 때 이런 현장 진단 방식의 유전자 검사는 유용하게 활용될 것이다.

이번 코로나 바이러스는 언젠가는 치료제와 백신이 개발되고 정복될 것이다. 그러나 인류는 주기적으로 공습해오는 바이러스로부터 자유로울 수 없다. 특히 국제간 교류가 활발하고 실제적으로 국경이 없는 이 시대에 중국이든 아프리카든 언제든 지역 감염이 전 세계적 유행으로 번질 수 있다. 이럴 때 새로운 감염병에 대한 중요한 대응이 바로 신속하게 그 바이러스를 분석해내는 일일 것이다 앞으로는 개인 휴대용 바이러스 진단기가 개발되어 스스로 진단하는 시대가 올 것이다. 유전자 진단법의 발전은 엄습해오는 바이러스 공격에 대비한 똑똑한 인류의 생존 전략 중 하나가 되는 것이다.

유전자 빅데이터 기반의
맞춤 건강관리

지금은 바야흐로 빅데이터의 시대이다. 빅데이터 중에 가장 발전하고 있는 분야 중 하나가 보건의료 빅데이터이며 이 중 가장 큰 빅데이터는 유전체 데이터이다. 한 사람의 DNA를 구성하는 염기는 약 30억 쌍인데 이 염기 전체를 읽는 것을 전장 유전체 분석(홀게놈 시퀀싱)이라고 부른다. 정확도를 높이기 위해 최소 30번 정도 반복해서 시퀀싱을 하는데 이 과정에서 생기는 데이터의 양은 약 100Gb 정도이다. 단백질을 전사하는 엑솜만 분석하는 엑솜 시퀀싱의 경우 생성되는 양은 약 8Gb이다.

2003년에 완성된 휴먼 게놈 프로젝트에서는 한 사람의 홀게놈 시퀀싱을 분석하는 데 걸린 시간이 무려 13년이었고 그 비용은 3조 원이 들었다. 당시는 생어 시퀀싱이라는 방식으로 염기 하나하나를 분석했기 때문에 그만큼 시간과 비용이 많이 들었다. 2008년에는 생어 시퀀싱이 아닌, 차세대 염기서열 분석Next-Generation Sequencing, NGS이 등장하면서 홀게놈 시퀀싱을 무려 6개월 만에 약 10억 정도의 비용으로 분석하게 되었다. 이 NGS는 발전을 거듭하면서 2019년에는 100만 원 미만의 가격으로 이틀 정도에 분석이 가능하게 되었다. 옥스퍼드 나노포어라는 새로운 NGS는 무려 15분 만에 시퀀싱을 하기도 하니, 더 이상 유전체 분석을 하는 데는 시간과 비용이 문제가 아닌 시대가 되었다.

리서치 분야에서도 놀라운 데이터들을 쏟아내고 있다. 2015년 〈네이처〉에 따르면 리서치 연구에 1년 동안 전 세계적으로 약 2,600조 원의 연구 기금이 마련되었고, 무려 1.5조의 염기 데이터가 미국의 공인 데이터베이스에 축적되었다고 한다. 같은 기간 2,600만 개의 연구 논문이 발표되었고, 23만 건의 임상 연구가 수행되는 가히 메가트렌드의 분야가 유전체 분야인 것이다. 이 숫자는 매년 2배씩 증가하고 있으니 유전체 연구가 얼마나 광대하고 유전체 데이터가 얼마나 많이 쌓이고 있는지는 상상을 초월한다.

이런 광대한 규모의 데이터를 주도하기 위해 개인이나 연구소, 회사를 뛰어넘어 국가 차원에서도 경쟁을 하고 있다. 이 경쟁에서 가장 모범적인 국가는 영국이다. 영국은 이미 50만 명의 건강한 사람을 대상으로 유전체, 라이프 로그 등의 데이터를 체계적으로 모아놓은 영국바이오뱅크를 전 세계에 공개하고 모든 연구자들이 자유롭게 사용하도록 했다. 최근에는 지놈잉글랜드가 500만 명 대상의 홀게놈 프로젝트 계획을 발표했다. 미국 또한 암 환자 대상의 토탈오믹스(유전체뿐 아니라 전사체, 단백체, 후성 유전체, 임상 정보 등)를 잘 갖추어놓은 TCGA 데이터 등을 전 세계에 공개했다. 우리나라도 지난 10여 년 동안 꾸준히 유전체 데이터를 국가 차원에서 모아놓았다. 대표적인 것이 한국인 칩으로 약 20만 명의 유전체 데이터를 확보해서 2019년부터 질병관리본부 홈페이지를 통해 데이터를 공개하여 연구자라면 누구나 사용할 수 있도록 했으며, 문재인 정부 들어 가장 큰 과학 국책 과제인 K-DNA 프로젝트를 통해 100만 명의 홀게놈 데이터를 생성하려고 하고 있다.

　산업계에서는 홀게놈 시퀀싱을 분석한 인구수가 2017년 전 세계적으로 약 200만 명에서 2025년 약 10억 명으로 크게 늘 것으로 예상하고 있다. 즉 지금부터 불과 5년 뒤, 전 세계의 1/6 아마도 대한민국의 성인 대부분이 홀게놈 시퀀싱을 한 시대가 오면 이를 통한 의료, 산업의 변화는 대단할 것으로 보인다. 이런 유전체 빅데이터들이 플랫폼으로 저장되어 개인에게 서비스로 제공되기도 한다. 세계 최초로 개인 게놈 전체를 분석하는 서비스를 시작한 놈Knome사는 USB에 고객의 염기서열 분석결과를 담아서 정보를 업데이트해 주고 있다. 염기서열 해독 작업은 중국의 베이징 게놈 연구소에 맡기고 해독된 데이터를 받아 분석한다. 일루미나에서 제공하는 언더스탠드유어지놈은 2,900달러의 서비스 비용에 개인 유전체 분석 서비스 1,200개를 제공하는데 이 중 질병 관련 예측 검사 및 12개 약물 반응에 대한 서비스가 포함되어 있다. 슈어지노믹스는 시퀀싱 비용을 2,500달러에 제공하고 6개월마다 150달러씩 업그레이드 비용을 별도로 받는다.

중국에서는 아이카본엑스라는 회사에서 유전체 기반의 음식 추천, 운동 추천 등 다양한 방식의 서비스를 제공하고 있다.

우리나라에서는 이원다이애그노믹스의 자회사인 마이지놈박스 mygenomebox에서 개인의 유전자 데이터를 클라우드에 저장하여 모바일로 다양한 서비스를 제공하고 있다. 이 서비스는 세계 최초로 오픈 플랫폼 방식으로 만들었다. 스마트폰의 앱스토어처럼 전 세계 누구나 유전체 상품을 만들어 플랫폼에 올리는 방식으로 2018년 MIT에 의해 그해의 혁신 상품으로 추천되기도 했다.

가까운 미래에는 누구나 개인의 유전 정보를 모바일폰 등에서 쉽게 열람할 수 있으며 이를 근거로 한 맞춤 건강관리, 맞춤 일상 관리의 시대가 열릴 것이다.

세계 최초 "DNA App Store" 기술 상용화

"유전체 전문 지식이 없는 일반인도
클릭 한 번으로 자신의 유전 정보 파악이
가능한 유전체 데이터 해석 기술"

오픈 플랫폼으로서의 DNA앱(출처: 마이지놈박스)

가장 광범위하고 개인적인 고유 데이터인 이 유전체 데이터에 대한
이해 없이는 빅데이터 시대, AI 시대를 따라가기 힘들 것이므로, 대한민
국의 의료계도 유전체에 대한 이해와 적용을 보다 적극적으로 받아들이
고 빅데이터 중심의 미래 의료를 선도해가길 기대한다.

미래는 치료가 아닌
예방 의학의 시대다

나의 아버지는 올해 82세로, 2년 전 팔순 잔치를 대신해서 중남미 11개
국을 배낭만 메고 2개월간 다녀오셨다. 영어도 못하시는 분이 몇몇 현
지 지인들의 도움을 받아 젊은 사람도 힘든 여행을 즐겁게 다녀오신 것
이다. 작년에는 남태평양 섬 7개를 여행하셨다. 같은 나이 또래 분들 중
에는 벌써 작고하신 분들도 있고 여러 지병으로 거동도 불편하신데, 아
버지는 90세까지도 건강한 몸을 유지한 채 전 세계를 누빌 기세이다.

세계에서 가장 빠르게 고령화가 진행되고 있는 우리나라는 기대 수명
도 가장 높은 순위를 기록했다. 2017년 보고된 영국 의학저널 〈란셋〉에
따르면, 대한민국의 2010년 출생자의 기대 수명은 여성 84.23세(세계 6
위), 남성 77.11세(19위)였고, 2035년 출생 여성은 기대 수명이 90.82세

이고 남성은 84.07세로 각각 세계 1위에 해당된다. 이는 대한민국에 축복인가? 아니면 새로운 사회 구조 변화로 인해 나타나는 재앙인가?

국민건강보험공단 건강보험심사평가원 '2017년 건강보험 진료비 통계'에 따르면 2016년 건보적용 진료비는 69조 3,352억 원으로 전년 대비 4조 7,584억 원(7.4%) 늘어났다. 이 중 전체 의료비 40% 이상이 65세 노인을 대상으로 지출되고 이 비율은 해마다 늘어나고 있다.

단순히 비용만의 문제가 아니다. 아픈 노인이 증가하면서 자녀들을 포함한 가족들의 간병 및 부양 부담이 증가하는 것도 문제다. 따라서 단순히 기대 수명 100세가 목표가 아니라 건강한 100세를 목표로 해야 개인과 가정, 국가가 재앙을 피할 수 있다. 수명의 단순 연장이 중요한 것이 아니라 앞서 예를 든 나의 아버지처럼 건강한 수명 연장이 중요한 것이다.

암이나 심뇌혈관 질환 같은 중증 질환을 피하고 질병에 걸리더라도 조기 진단을 해 최대한 합병증을 막는 것이 현재 당면한 보건학적 과제이다. 나아가 단순히 질병을 피하는 것이 아니라 건강을 각별히 관리해 생물학적 나이는 들어도 신체 나이는 유지하면서 생산 가능한 노령 인구로 만드는 것이 중요한 목표이다.

따라서 미래 의학의 핵심 키워드는 바로 '예방 의학'이자 '항노화 의학'이다. 이제는 치료 시대가 아니라 예방 의학 시대이다. 지난 수십 년 동안 우리나라에서는 예방 의학의 발전으로 국민의 수명이 연장되어 왔다. 개인 보건의 개선, 모자 보건 사업을 통한 신생아 사망률의 감소, 구충제 복용을 통한 기생충 질환의 박멸, 예방 접종으로 소아마비를 포함한 B형 간염, 결핵 등의 유병률의 극적 감소, 전국민 국민보험관리공단의 검진을 통해 위암 및 폐암 등의 조기 암 검진을 통한 암 생존율 상승, 금연 운동과 체중 관리를 통한 심뇌혈관 질환의 발생 감소 등 감염병부터 소위 성인병이라는 각종 암, 만성 질환들이 예방 의학을 통해 지속적으로 축소·관리되어 왔다.

그러나 인류는 새로운 개념의 예방 의학에 목말라 있다. 아예 내 인생에서 질병을 미리 예측하고 발생 자체를 예방할 수 있을까?

현대 의학 발전의 총아라고 할 수 있는 유전체 의학은 질병을 조기에 진단하고 맞춤 치료를 가능하게 할 뿐 아니라 질병 예방에 큰 역할을 할 것으로 보인다. 유전체 의학은 세계에서 집중적으로 연구되고 있

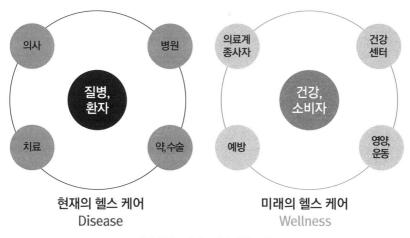

현재의 헬스 케어
Disease

미래의 헬스 케어
Wellness

미래의 헬스 케어는 예방 의학 중심

는 학문으로 해마다 약 2,000조 이상의 연구비가 투입되고 2,600만 편의 논문이 쏟아지는 분야다. 또한 단순히 연구로 그치지 않고 의학과 삶을 혁신적으로 변화시킬 많은 지식들이 임상에 적용되고 있다.

이 책의 목적은 날로 늘어가는 유전체 의학과 항노화 의학의 지식을 알기 쉽게 정리하고 빅데이터가 어떻게 생활 전반에 영향을 주는지 알기 쉽게 전달해 건강한 100세를 주도적으로 준비하는 데 있다. 가정의학 전문의이자 보건학, 항노화 의학, 유전체 의학을 전공한 지식과 경험을 바탕으로 유전체 의학을 알기 쉽게 풀어나가고자 했다.

지식은 행동 변화를 가져오고 생활 습관 개선은 질병을 예방하게 한다. 아는 것만큼 더욱 젊게 살 것이다. 이 책을 통해 지식이 풍부해지고 똑똑한 건강 생활 습관을 유지하는 독자들이 많아지길 바란다.

유전체 의학을 통해 바라본 질서

유전자 검사가 확대되고, 신의 영역으로 알려진 인간의 설계도에 해당되는 유전체 지도를 손에 넣은 인류에 대해 일부 종교인들과 문명학자들은 불안한 시선을 거두지 않는 것 같다. 유전체 의학의 발전은 과연 신의 영역을 침범하고 창조 과학에 반기를 드는 일일까?

처음 보스턴에서 유전체 의학을 연구하던 시절에 놀랍도록 정교한 유전체의 질서에 흥분한 적이 있었다. 누가 이 질서를 만들었을까? 인간의 DNA 안에 23쌍의 염색체가 있는데 이는 마치 23권의 백과 사전 세트에 비교할 수 있다. 책 한 권 속에는 수많은 문장이 있고 글자가 있는데 이것이 각각 유전자와 염기이다. 인간의 DNA에는 약 2만 5천 개의 문장(유전자)과 30억 개의 글자(염기)가 있는데 300개 글자당 하나꼴로 총 천만 개의 변이variant가 있다. 이 변이가 사람의 생김 모습을 모두 다르게 하고 질병의 다양성을 나타내는 것이다. 글자(염기)의 잘못된 오타가 단어(단백질 코드)의 뜻을 다르게 만들고 전체 문장(유전자)을 잘못 해석하게 만드는 것이 질병이 일어나는 과정이다. 유전자가 RNA를 통해 단백질을 만드는 과정은 실로 정교하고 복잡한 과정에 의해 일어난다. 마치 게놈 유전자를 설계도라고 하면 RNA는 재료이고, 단백질은 최종 완성물인 셈이다.

휴먼 게놈 프로젝트의 총책임자이자 한때 불가지론자였던 프랜시스 콜린즈 박사는 세계적 권위를 지닌 유전학자이자 과학자로서, 오랫동안 생명의 암호가 숨겨진 DNA를 연구해왔다. 예일 대학에서 생화학을 연구한 후, 미시간 대학에서 의학유전학자로 활동하면서 낭포성섬유증, 신경섬유종, 헌팅턴병과 같은 불치병을 일으키는 유전자 결함을 발견하는 데 기여했다. 1993년, 세계 6개국 2,000명의 과학자들이 참여하는, 인류 역사상 최초로 시도된 '휴먼 게놈 프로젝트'를 총지휘하여 10년 만인 2003년에 인간의 몸을 구성하는 31억 개의 유전자 서열을 모두 밝히는 게놈 지도를 완성했다. 그는 저서 『신의 언어』에서 정교하고 복잡한 유전체의 신비를 하나씩 풀어가는 과정 속에서 만난 창조주 하나님의 신비에 대해 이야기한다. 불가지론자였던 그가 유전체의 질서를 통해 하나님을 만나는 과정을 이 책에서 자세히 기술했다.

유전체 의학의 발전은 과학의 영역이 신의 영역을 침범하는 결과를 만든 것이 아니라 오히려 인간이란 존재와 생명이란 존재가 훨씬 복잡하면서도 질서적이라는 사실을 알게 해주었고 우연에 우연을 거듭한다는 진화론적 가설을 뛰어넘는 초자연적인 질서와 계획 가운데 있음을 암시해주기도 한다. 그렇다면 지구상 여러 곳에서 나타나는 진화의 증거는 무엇인가? 과학을 하는 사람의 입장에서는 창세기의 생명 탄생과 지구 역사를 문자 그대로 해석하는 것을 받아들이기는 어렵다. 그러나 진화론은 가장 큰 두 가지의 과학적인 질문에 대한 명쾌한 답을 주지 않고 있다. 첫 번째는 생명의 기원이 어디서 왔는가라는 질문이며, 두 번째는 종간을 뛰어넘는 진화가 어떻게 가능하냐는 질문이다. 즉 미생물의 단세포가 양서류를 거쳐 고등 동물로 진화된다고 할 때 연기이변이를 뛰어넘어 유전자, 나아가 염색체의 숫자가 늘어나는 것이 어떻게 가능하냐는 것이다. 이런 것을 '대변이'라고 하는데, 지금까지 대변이의 경우 돌연변이로서 대부분 심각한 생체 기능의 장애를 겪어 그 세대 안에서 도태되고 말았다.

과학을 안다고 하지만 여전히 모르는 게 많은 것이 생명과학 분야이다. 과학자로서 동시에 종교인으로서 개인적으로 고백하는 바는 창조된 생물이 무수한 세월을 거쳐 (소)진화되고 있다고 믿는 것이다

그러나 내 입장에서도 여전히 풀리지 않는 의문이 있다. 태어날 때부터 장애를 가지고 태어나서 본인은 물론 가족들이 힘들어하는 경우가 있다. 이것은 희귀 돌연변이에 의해 정해지는 경우이다. 이 아이들을 볼 때마다, 이런 돌연변이는 하나님의 실수인가? 아니면 하나님의 의도된 계획인가? 하는 질문을 하게 된다. 하나님이 실수했다면 그분

은 무능력하거나 무책임한 것이 되고, 하나님의 의도라면 너무나도 잔인한 하나님이기에 쉬운 질문이 아니다. 나는 개인적으로는 하나님은 실수하는 분이 아니시며 지금은 이해하기 어렵더라도 모든 일에는 하나님이 계획이 있다고 믿는다. 어쩌면 장애로 태어난 것이 불행한 것이 아니라 그런 장애아를 세상 밖으로 내보내지 못하는 세상, 장애아를 무시하거나 차별하고 돌보지 않는 이 세상이 타락한 것이고 결과적으로 그런 세상이 불행한 것이라 본다.

창조주 하나님의 뜻에 맞추어 지어진 세상을 다스리고 경영할 책임이 있는 우리 모두는 장애우의 아픔과 어려움을 내 문제처럼 받아들이고 공감할 뿐 아니라 나아가 그들이 편하게 살 수 있는 사회를 만들어야 한다. 그것이 개인만 아니라 이 공동체를 회복하는 길일 것이다. DNA의 구조를 최초로 발견하여 노벨상을 탔으며, 유전자 연구를 누구보다도 많이 하였던 제임스 왓슨은 두 번이나 흑인의 유전자는 열등하고 백인의 유전자가 우수하다는 인종 차별을 하면서 과학계에서 거의 퇴출되었다. 그에게는 누구보다 훌륭한 지식이 있었지만 연약하고 부족한 자에게도 하나님의 계획을 두시고 그런 약한 자들을 돌보는 역할을 우리 모든 건강한 사람에게 위임하여 이 세상을 경영하시는 신의 마음을 아는 지혜는 부족한 듯하다.

진료실에서 종종 유전체의 변이들을 설명할 때마다 유전체의 변이가 문제가 아니라, 계획된 유전자대로 살아가지 않고 과도한 칼로리 섭취, 음주, 흡연, 운동 부족 등 환경의 반란이 더 문제임을 깨닫는다. 비록 몸이 약하고, 상대적으로 나쁜 유전자를 타고 태어났어도 그 자체에 하나님의 섭리와 계획이 있음을 믿는다. 우리 모두가 태중에서 계획되어질 때, 인류의 조상 첫 아담을 만드셨을 때의 하나님의 기분 좋은 독백이 있었을 것이다.

　"지으신 모든 것을 보시니 심히 좋았더라."(창세기 1장)

유전자 검사 발전에 따른
윤리적 문제

1997년 개봉된 소니 피쳐스의 SF 영화 〈가타카〉는 미래 어느 시대의 모습을 그리고 있다. 주인공 빈센트(에단 호크)가 탄생하기 전부터 세상은 유전공학의 발달로 태어나는 순간 예상 수명과 질병, 성격 등을 판별하여 사회적 지위가 부여되는 유전공학과 우생학이 만연해 있었다. 영화에서 유전자 조작 없이 자연적으로 출산을 한 주인공은 열성 유전자를 가지고 태어났다. 그 결과 조직 부적격자로 분류되어 상류 사회로 진입하지 못하고 하층민인 청소부로 살아야만 했다. 반면 동생은 열성 유전자를 제거하여 모든 면에서 형보다 우월한 능력을 보여준다. 영화 제목 자체가 유전자의 염기인 A, T, G, C를 가지고 조합한 가타카GATACA인 이 영화를 통해 많은 사람들이 유전자의 발전의 결과로 이 영화에서

처럼 우성 사회에 살게 되는 것이 아닐까 염려하게 되었다. 우성 사회는 제2차 세계 대전 당시 히틀러가 건설하려 했던 사회의 핵심가치이다. 열등한 민족인 유대인을 지구상에서 없애고 우수한 나치 민족이 전 세계를 다스려야 한다는 인종 차별적인 요소가 가득해서 교양 있는 현대인들이 혐오하는 대표적인 사상인 것이다.

여기에 불을 지핀 것은 DNA 구조를 최초로 발견하여 노벨 의학상까지 탔던 제임스 왓슨으로, "흑인의 유전자는 열등하고 백인의 유전자가 우월하다."는 발언을 하면서 사람들이 유전자에 대한 강한 편견을 가지게 되었다. 유전자로 인한 차별을 금지하는 많은 관련 법들이 생겨난 것도 그런 사회의 우려 탓인 것이다. 유전자 분석이 우성 사회로 가는 길이라는 인식은 유전자가 인간의 운명을 결정짓는 결정적인 경우라는 인식을 바탕으로 하는데 이것을 유전자 결정론이라고 한다. 즉 날 때부터 모든 사람은 운명이 결정되어 있으며 특징도 정해져 있다고 말하는 것이다. 앞서 살펴본 것처럼 염색체 질환이나 희귀 질환(단일 유전자 질환) 같은 경우에는 유전자의 변이가 질병을 일으키는 결정적인 요인인 것은 맞으나 이 경우는 매우 드문 현상이고, 또 앞에서 밝힌 것처럼 그 검사는 매우 제한되게 할 수 있도록 안전장치를 만들어놓았다.

오히려 많은 질환이나 개인의 특성에 유전자가 미치는 경우는 생각보다 적다. 질병에 유전자가 미치는 영향의 크기를 유전율이라고 하는데 암이나 치매, 심장병 같은 우리가 두려워하는 병의 대부분은 이 유전율이 생각보다 낮은 10~40% 정도일 뿐이다. 몇몇 특정 유전자를 제외하고는 유전자의 변이가 있더라도 질병의 상대 위험도는 1.5~2배 정도 수준일 뿐이다. 그러므로 오히려 걱정해야 할 윤리적 이슈는 유전자의 힘을 지나치게 강조하여 사람들에게 불안감을 일으켜 이를 상업적 이득을 취하는 데 사용하는 지나친 상업주의이다.

아직 유전자 연구가 충분하지도 않은 2005년 전후에 시장에는 자녀들의 IQ나 재능과 관련된 유전자 검사들이 의사 처방 없이 우후죽순처럼 생겨났고 특정 제품을 판매하는 이차적 비즈니스가 생겨났다. 곧이어 모든 유전자 검사는 의료기관을 통해서만 가능하도록 하는 강력한 생명윤리 및 안전에 관한 안전법이 제정되었다. 그리고 2016년이 되어서야 일부 항목에 대해 소비자 직접 유전자 검사DTC가 허가될 정도로 대한민국의 유전자 분석은 매우 보수적으로 허용되었다.

최근에는 또다시 의사나 의료기관을 거치지 않고, 보험 회사들이 질병 예측 유전자 검사를 고객들에게 무료로 해주고, 암이나 특정 질환의 위험도가 높다고 하며 보험 상품을 파는 등 불법적인 행위가 만연하여 보건복지부가 고발하기도 했다.

주요 질병들은 유전자에 의해서 설명되는 것이 아니고 그것도 몇 개정도의 유전자만 가지고 단순하게 예측할 수 없다. 그 사람이 가지고 있는 환경적인 요인, 생활 습관과 최근의 혈액 검사 등 다른 위험인자 등을 함께 고려하여 질병 위험도 및 예측을 할 수 있기 때문에 상업적 목적을 가지고 대중을 왜곡하고 오도하는 것은 유전자 검사가 갖는 커다란 윤리적, 사회적 이슈가 된다.

보건복지부가 DTC로 허용한 항목들은 그 항목들의 유전자 연구가 충분히 이루어졌거나 해석의 오류가 없어서가 아니라, 설령 정보가 잘못 전달되어 고객의 잘못된 판단을 유도하는 측면이 있더라도 그 결과가 상대적으로 위험하지 않아서 위해도가 낮은 웰니스나 개인 특성이기 때문이다. 보건복지부의 시범사업 결과, 회사마다 다른 해석을 한 것도 아직은 웰니스 분야의 유전자 검사의 완성도가 낮다는 것을 소비자들은 분명히 알아야 한다.

그러나 4차 산업 시대에 날로 발전하는 유전자 검사를 외면하고 보수적으로 의료기관에서만 허락하는 것도 국가적 경쟁력 측면이나 소비자들의 알 권리 측면에서도 바람직하지 않기에 산업계와 정부는 더 많은 데이터들을 쌓는 연구 중심의 상품들을 개발하거나 이를 도와줄 의무가 있다.

유전자는 잘못 활용하면 누구에게는 쓸데없는 불안만 일으키고 누구에게는 하나 마나 한 무의미한 검사일 수 있다. 그러나 잘만 활용하면 내 몸에 맞게 건강과 생활을 관리하며 질병을 미리 진단하고 나아가 예측하고 예방하여 건강 100세를 살아가게 만드는 지름길을 제공하는 내 몸 사용 설명서이다. 이 책이 특별히 미래 사회에 주역이 될 청소년이나 젊은 청년들에게 각자의 미래를 보다 빨리 현실로 이끄는 길라잡이가 되기를 기대한다. 지식이 사람의 습관을 바꾸고 그 습관은 건강한 경험으로 이어져 궁극적으로 당신의 운명이 바뀔 때 우리 인류의 운명이 바뀌게 되는 것이다.

유전자는 인류의 미래를
어떻게 바꿀 것인가?

휴먼 게놈 프로젝트가 완성되고 불과 20년도 안 되어 유전체 분석이 놀라운 발전을 거듭해왔고 전 세계 연구자들에 의해 질병을 포함한 수많은 연구들이 쌓여가면서, 인류는 그 어느 때보다 많은 기술의 진보와 변화에 직면하고 있다. 지난 십 수년간의 발전 속도보다 앞으로의 발전 속도가 더욱 빨라진다면 가까운 미래는 어떻게 바뀔 것인가?

가장 큰 변화는 가장 많은 연구가 집중되고 있는 질병의 진단과 치료 부분일 것이다. 그중에서도 인류 최대의 난제인 암 분야에서 눈부신 발전을 이룰 것이다. 앞서 언급한 대로, 혈액이나 소변 등을 통해 얻어진 DNA를 통해 암을 조기에 진단하게 될 것이다. 혈액이나 조직에서 얻은 유전 정보를 통해 암의 맞춤 치료가 결정되고 자신에게 맞는 암

백신이 조제되어 암을 분자 단위에서부터 치료하는 맞춤 면역 항암제의 시대가 열릴 것이다. 뿐만 아니라 심장 질환이나 뇌 질환, 또, 치매까지 정교하게 예측하고 예방하는 시대가 열릴 것이다. 나아가 누구나 새롭게 처방되는 약이 자신에게 맞는지 스마트폰을 통해서 자신의 유전 정보를 검색하여 부작용이 제일 적고 가장 효과가 있는 약을 고르게 될 것이다.

또한 희귀 질환을 전제로 배아 단계에서 유전자 검사가 시행되어 유전적 변이가 없는 배아를 최종적으로 임신시키는 기술이 사회적으로 더욱 폭넓게 허가가 될 것이다. 부분적이기는 하나 치명적인 유전적 변이를 피할 수 없다면 진보된 기술로 유전자 편집을 통해 손상된 유전자를 치료하는 시대도 열릴 것이다. 그러나 이런 분야의 기술적 진보는 사회적 논쟁과 윤리적 갈등을 유발시킬 것이므로 사회 공동체의 보다 높은 수준의 성숙도가 요구된다. 그러나 유전자 검사의 발달로 희귀 질환의 위험을 최소화하고 나아가 회피하는 수준으로 갈 것임은 틀림없다. 줄기세포의 발달과 더불어 유전자 지식의 발달은 불치병과 장애를 가진 이들에게도 분명 희망을 갖게 할 것이다.

유전자는 휴먼 게놈의 연구에만 그치지 않는다. 현재도 가장 많이 활용되고 있는 분야가 병원균에 대한 유전자 검사이다. 2003년 사스, 2015년 메르스, 2020년 신종 코로나 바이러스 등 대한민국뿐 아니라 전 세계가 미지의 바이러스에 대한 공포감에 쌓여 있다. 미지의 병원 바이러스를 치료하려면 병원균에 대한 염기서열이 확보되어야 하고, 여기에 맞추어 진단 키트가 개발되고 나아가 백신을 만들 수 있어야 조기에 질병을 퇴치할 수 있다. 특히 보다 빠른 염기서열 분석법이 발전하면서 단 몇 분 만에 결과가 나오는 현장 진단Point of Care, POCT의 시대가 올 것이다. 어떤 감염 질병이든지 현장에서 바로 원인균을 찾아서 질병의 확산을 막고 치료로 이어지게 해야 반복되는 감염 질병의 대유행을 막을 수 있을 것이다.

이런 질병의 조기 발견, 예측 그리고 맞춤형 예방을 통해 인류가 건강하게 100세를 사는 시대가 올 것이고 텔로미어의 직접적인 연장을 통해 인류는 120세까지도 살 수 있을 것으로 보인다.

질병 분야뿐만 아니라 개인의 삶, 영양과 운동 등 웰니스 분야도 보다 정교해질 것이다. 국민의 대부분이 자신의 게놈 정보를 클라우드해 놓고 언제든 필요할 때마다 열람하게 될 것이다. 게놈 정보뿐만 아니라 매일 측정되는 라이프 로그 데이터, 즉 걸음 수, 먹는 음식의 종류와 양, 수면의 패턴, 누구를 만나고 누구로부터 스트레스를 받는지에 대한 소셜 정보까지 한 플랫폼에 모아지면서 건강과 삶에 대한 종합적인 정보와 안내를 제공하는 컨시어지Concierge 서비스를 누구나 받게 될 것이다. 나의 유전 정보에 맞추어 수면 패턴을 정하고, 나의 유전 정보에 기초하여 음식과 영양을 추천받으며, 나의 유전 정보에 따른 운동을 받는 시대가 머지않았다. 그러나 유전 정보가 모든 것을 다 결정하는 것은 아니기에 보다 많은 라이프 로그 데이터와의 융합을 통해 보다 정교한 맞춤형 서비스들이 나올 것이다. 중요한 것은 미래 의료는 더 이상 질병 중심이 아닌, 건강한 소비자들의 데이터를 근거로 한 예방 의학이 중심이 된다는 점이다.

산업 분야에서도 유전체의 발달은 주요한 역할을 할 것이다. 다국적 기업만 가능하게 했던 블록버스터급의 신약 개발을 가능하게 하는 것도 유전체 기반이기에 가능해질 것이다. 후성 유전학의 발달과 더불어 DNA의 가역적인 변화를 나타내는 다양한 바이오 마커들이 시장에 나오면, 유전자를 건강하게 만드는 영양소들에 대한 처방들이 보다 정교해질 수 있다. 마이크로바이옴 데이터가 더욱 쌓이면서 장내 미생물의 환경을 좋게 하는 다양한 의료와 산업 서비스들이 소개될 것이다. 개인들이 쏟아내는 수많은 데이터들을 안전하게 보관하고 동시에 빠르게 불러오며 순간적으로 연산될 수 있도록 각각 블록체인 기술과 클라우딩 기술, AI 기술 등이 더욱 발전하게 될 것이다.

1860년에 스위스 생리화학자인 프리드리히 미셰르가 DNA 물질을 발견하고, 이로부터 100여 년 후인 1953년 왓슨과 크릭이 DNA의 구조를 밝혀냈다. 다시 50년 만인 2003년에 휴먼 게놈 프로젝트가 완성되는 등의 일련의 과정이 지나갔다. 이제 그로부터 불과 20년 만에 인류는 이 DNA의 비밀들을 의료와 건강에 접목시키고 있다.

이 책을 읽고 있는 당신이 어떤 연령대의 어떤 일을 하는 사람이든지, 이 새로운 지식에 대해 열린 마음으로 받아들이고 체험하며 나아가 연구를 하는 단계에 이르면 그 누구보다도 미래를 더 빨리 맞아들이는 것이리라. 아는 것만큼 생각이 바뀌고 습관을 바꾸어 건강을 지킬 것이다. 이 책의 지식과 방향성이 독자들의 건강을 지키고 똑똑한 인생 설계에 도움이 되길 바란다.

부록

1. 유전자 학문의 기본 지식

출처: 『유전체, 다가온 미래 의학』(김경철, 메디게이트 뉴스, 2018)

2. DTC 유전자 검사 가이드라인

보건복지부 제공

유전자 학문의 기본 지식

가. 유전학 기본 개념

1) 유전학의 기본적인 개념들

① 세포는 두 가지 기본적인 형태, 즉 진핵 세포와 원핵 세포가 있다. 세포들은 구조적으로 볼 때 두 가지 형태로 구성되어 있는데 진화적으로 볼 때는 좀 더 복잡한 측면이 있다. 원핵 세포들은 핵막이 없으며, 막으로 둘러싸인 세포 소기관이 없다. 반면에 진핵 세포는 좀 더 복잡하며, 엽록체와 미토콘드리아와 같이 막으로 둘러싸인 세포 소기관을 가지고 있다.

② 유전자는 유전의 기본 단위다.

하나의 유전자가 정의되는 정확한 방법은 생물학적인 상황에 따라서 달라진다. 가장 단순한 수준에서는 유전자를 하나의 유전적인 특징을 암호화하고 있는 정보의 단위로서 생각한다.

③ 유전자는 대립 유전자라고 하는 다양한 형태로 나타난다.

하나의 특징을 결정하는 유전자는 대립 유전자라고 하는 여러 형태로 존재할 수 있다. 예를 들어 고양이에서 털 색깔 유전자는 검은 모피를 암호화하고 있는 대립 유전자나 또는 주황색 모피를 암호화하고 있는 대립 유전자로 존재할 수 있다.

④ 유전자는 표현형을 제공한다.

유전학에서 가장 중요한 개념 중의 하나는 형질과 유전자 사이를 구별하는 것이다. 형질은 직접적으로 유전되지 않는다. 오히려 유전자가 유전되는 것이며, 환경요인과 함께 유전자는 형질의 발현을 결정한다. 한 개체가 소유하고 있는 유전 정보는 유전자형이며, 형질은 이 유전자형의 표현형이다. 예를 들어 A형은 표현형이며, A형 항원을 암호화하고 있는 유전 정보는 유전자형이다.

⑤ 유전 정보는 DNA 또는 RNA 형태로 운반된다.

유전 정보는 핵산의 분자구조에서 암호화되어 있으며, 2개의 형태, 즉 데옥시리보핵산DNA과 리보핵산RNA으로 나타난다. 핵산은 뉴클레오티드라는 단위체가 반복적으로 되어 있는 중합체이며, 각 뉴클레오티드는 당, 인산 및 질소 염기로 구성되어 있다. 대부분의 생물들은 DNA가 유전 정보이며, 몇몇 바이러스만이 RNA를 유전 정보로 갖는다. RNA를 구성하는 질소 성분의 염기는 A,

C, G, T의 네 가지가 있다.

⑥ 유전자는 염색체에 있다.

한 세포 내에 유전 정보의 기구는 DNA와 단백질로 되어 있는 염색체다. 각 생물의 세포들은 특징적인 염색체 수를 가지고 있는데 예를 들어 세균은 정상적으로 하나의 염색체를 가지고 있고, 사람은 46개의 염색체를, 비둘기는 80개의 염색체를 가지고 있다. 각 염색체는 많은 수의 유전자를 포함하고 있다.

⑦ 염색체는 체세포 분열과 감수 분열 과정을 통해 분리된다.

체세포 분열과 감수 분열 과정은 각 딸세포가 한 생명체의 완전한 세트의 염색체를 물려받도록 해준다. 체세포 분열은 체세포의 복제에서, 복제된 염색체를 분리하는 과정이다. 감수 분열은 배우자(생식세포)를 형성하는 생식세포의 분열에서, 복제된 염색체가 쌍을 이루고, 분리되는 과정이다.

⑧ 유전 정보는 DNA에서 RNA로 그리고 RNA에서 단백질로 전달된다.

많은 유전자들은 단백질 구조를 결정함으로써 형질을 암호화한다. 유전 정보는 처음 DNA에서 RNA로 전달되며, 이 RNA는 단백질의 아미노산 서열로 번역된다.

⑨ 돌연변이는 유전 정보 안에서 일어나는 영구적 변화이며, 유전된다.

유전자 돌연변이는 단지 한 유전자의 유전 정보에 영향을 주며, 염색체 돌연변이는 염색체의 수나 구조에 영향을 주어 보통 많은 유전자에 영향을 준다.

⑩ 어떤 형질은 다인자에 의해 영향을 받는다.

어떤 형질은 환경적인 요인과 함께 복잡한 방법으로 상호 작용하는 많은 유전자들에 의해 영향을 받는다. 예를 들어 인간의 키는 수백의 유전자와 영양소와 같은 환경적인 요인들에 의해 영향을 받는다.

⑪ 진화는 유전적인 변화다.

진화는 두 단계 과정으로 설명될 수 있는데, 첫째 유전적 변이가 생기고, 둘째 이러한 유전적 변이의 빈도가 증가하고, 다른 변이의 빈도가 감소하는 것이다.

2) 기초 유전학

① 세포Cell

사람의 몸은 세포cell라는 기본 단위의 조합으로 여러 조직tissue과 기관organ을 구성하게 된다. 세포 속에서 각 기관 또는 조직 특이적인 기능을 수행할 수 있도록 하는 유전 물질인 DNA가 있고, DNA에 의해 모든 생물학적 기능이 조절되고 있다. 일반적으로 모든 세포는 핵nucleus을 가지고 있으며 핵 안에는 유전 물질인 DNA를 가지고 있고 DNA가 모여 하나의 큰 덩어리를 구성하게 되는데 이들의 묶음을 염색체chromosome라고 한다. 사람의 염색체는 모두 46개로 구성되어 있으며 이 중 23개는 아버지로부터paternal 그리고 23개는 어머니로부터maternal 받아 모두 23쌍(총 46개)의 염색체를 갖게 된다. 23쌍의 염색체는 22쌍의 상염색체autosomes와 1쌍의 성염색체sex chromosome; X, Y로 구성되어 있다. 성염색체의 조합이 XX이면 여

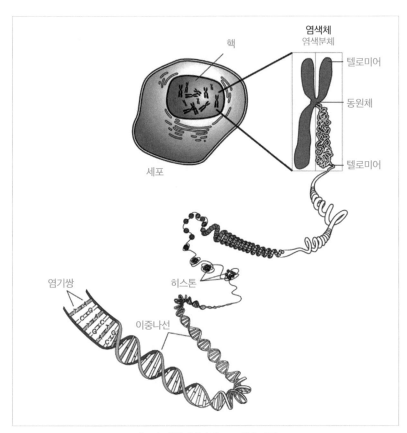

세포 속 염색체에서의 DNA 응축과정

성이 되고 XY가 되면 남성이 된다. 그러므로 남성인 아버지의 성염색체 XY중에서 X가 자손에 전달되면 여성이 태어나고 Y 염색체가 전달되면 남성이 태어나게 되는 것이다. 이러한 인간의 유전적 특성 때문에 특정한 유전자가 상염색체autosome에 위치한 경우에는 두 개의 동일한 유전자(하나는 아버지로부터 그리고 다른 하나는 어머니의 유전자로

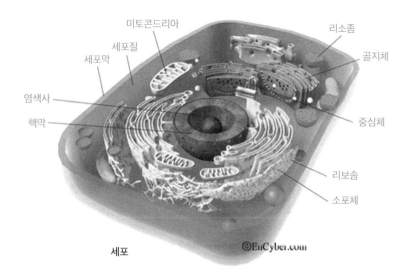

※ 세포의 핵nucleus은 유전 물질인 DNA로 구성된 46개의 염색체를 가짐.

   46개의 염색체 = 23개(아버지) + 23개(어머니)

부터 전달받음)를 가지게 되고 두 개의 동일 유전자에서 유전 변이형이 존재하는 경우엔 두 유전자의 조합에 따라 동일한homozygote 변이형 AA, 또는 BB, 그리고 둘의 다른 heterozygote 조합인 AB의 변이형을 가질 수 있다.

② 핵 Nucleus

핵은 유전 정보 저장고로 진핵 세포에서 가장 중요한 소기관이다. 핵은 핵막nuclear envelope이라는 두 겹의 동심원성 막으로 둘러싸여 있으며, 핵 안에서 개체의 유전 정보를 암호화하고 있는 긴 중합체인 DNA가 있다. DNA 거대분자들은 세포가 두 개의 딸세포로 분열할 때 응축되어 염색체chromosome의 형태로 전환되므로 광학 현미경으로도 관찰된다. 원핵 세포에서도 DNA는 유전 정보의 저장 물질로 이용된다.

③ 핵상과 핵형Nuclear Phase/Karyotype

핵상은 핵속에 존재하는 염색체의 상대적인 수를 말한다. 상동염색체쌍을 모두 가지고 있는 체세포의 핵상은 2n이고, 상동염색체쌍 중 하나만 가지고 있는 생식세포의 핵상은 n이다. 핵형은 염색체의 크기, 형태, 수 등을 말한다. 핵형 분석을 통해 태아가 기형아인지 알아볼 수 있다.

④ 염색체chromosome

염색체는 세포분열 시 핵 속에 나타나는 굵은 실타래나 막대 모양의 구조물로 유전 물질을 담고 있다. 세포분열의 전기 때 핵 속의 염색사가 응축되어 염색체를 형성한다.

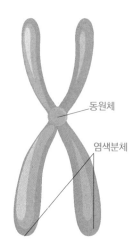

동원체

염색분체

　i. 염색사와 염색체

　염색사가 바느질에 쓰이는 실이라 생각하면 염색체는 염색사가 수없이 많이 꼬여

짧게 응축된 것으로 실을 감아 놓은 실뭉치로 비유할 수 있다. 염색사는 우리가 유전 물질이라고 부르는 DNA와 히스톤 단백질로 되어 있는데 세포 안의 DNA를 일렬로 연결하면 길이가 약 2m나 된다고 한다. 그러므로 이렇게 긴 DNA가 지름이 약 5μm밖에 안 되는 핵 속에 들어 있기 위해서 고도의 응축 과정이 필요하게 된다.

ⅱ. 염색체 수

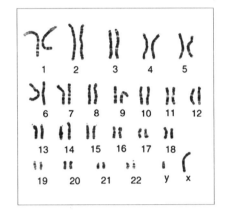

일반적으로 체세포가 가지고 있는 염색체 수를 2n으로 표시하며 생식세포의 염색체 수는 감수 분열의 결과 염색체 수가 반감하여 n이 된다. 염색체 수가 가장 적은 것은 말의 회충으로 2n=4이며, 염색체 수가 많은 것은 게종류들로서 북방참집게는 2n=254나 된다.

여러 생물의 염색체 수를 살펴보면, 백합 24, 나팔꽃 30, 벼 24, 완두 14, 벼메뚜기의 수컷 23, 암컷 24, 고양이 38, 말 66 그리고 사람은 46개다. 때로는 같은 속(屬) 또는 같은 종(種)에 속하는 생물 사이에 염색체 수가 서로 배수관계로 되어 있는 것이 있는데, 이런 것을 배수성(倍數性)이라고 한다.

⑤ 유전자 gene

유전자는 부모가 자식에게 특성을 물려주는 현상인 유전을 일으키

정보는 DNA에서 RNA로 흐른다

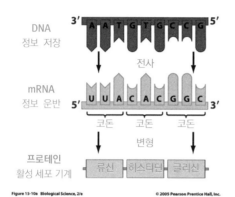

DNA
정보 저장

3' A A T G T G C C G 5'

전사

mRNA
정보 운반

5' U U A C A C G G C 3'

코돈   코돈   코돈

변형

프로테인
활성 세포 기계

류신   히스티딘   글리신

Figure 15-10a Biological Science, 2/e   © 2005 Pearson Prentice Hall, Inc.

는 단위다. 그 실체는 생물 세포의 염색체를 구성하는 DNA가 배열된 방식이다. 이는 소프트웨어적인 개념으로, 예를 들어 컴퓨터의 하드디스크에 들어 있는 프로그램과 같은 것이다. 여기에 비해 컴퓨터의 하드디스크처럼 유전자를 구성하는 물질

자체는 DNA가 된다. 유전자는 DNA를 복제함으로써 다음 세대로 이어진다. DNA는 이중나선 형태를 띠고 있기 때문에 이 이중나선이 풀린 후 각각의 사슬이 연쇄적으로 다시 이중나선으로 합성됨으로써 DNA가 복제된다.

본질적으로 정보일 뿐인 유전자가 그 기능을 발휘하기 위해서는 발현이 되어야 한다. 발현은 DNA가 RNA에 복사되는 전사transcription와 RNA가 단백질로 바뀌는 번역translation 과정을 말한다. 이렇게 해서 만들어진 단백질이 생체 내에서의 온갖 작용을 일으킴으로써 유전자의 효과가 나타나게 된다. 이러한 과정은 DNA의 구조를 밝혀낸 생물학자인 크릭F. Crick이 중심원리Central Dogma라고 이름을 붙였다. 대부분의 경우에 유전자를 이루는 물질은 DNA지만 일부 바이러스의 경우에는 RNA의 형태로 유전자가 보존되기도 한다.

모든 생물에서 유전 정보, 즉 유전자는 DNA 분자에 저장되어 있으며, 이들은 동일한 화학적 암호로 쓰여 있고, 똑같은 화학적 골격을 지니고 있으므로, 기본적으로 동일한 화학적 기구들에 의해 해독된다. 즉 모든 세포에서 DNA 중합체는 뉴클레오티드nucleotide라 불리는 동일한 네 종류의 단량체로 이루어져 있는데, 이들은 서로 다른 정보를 전달하기 위해 알파벳 문자와 같이 서로 다른 서열로 줄지어 배열된다.

모든 세포에서 DNA 속의 정보는 RNA라 불리는 화학적으로 연관된 분자로 해독 혹은 전사된다. RNA 분자가 지닌 메시지는 다시 단백질protein이라 부르는 다른 형태의 중합체로 번역된다. 단백질 분자는 세포의 행동을 조절하고, 세포 구조를 형성하고, 화학적 촉매로 작용하며, 분자적 발동기로 이용되는 등 다양한 기능을 수행한다. 모든 생물에서 단백질은 20가지의 아미노산amino acid들이 연결되어 만들어진다. 그러나 이러한 아미노산들은 서로 다른 순서로 배열됨으로써 각각의 단백질 분자는 서로 다른 삼차원적 형태, 즉 구조conformation을 갖게 되는데, 이는 문자의 배열 순서가 바뀜으로써 서로 다르게 발음되는 단어를 만들어내는 것과 같다.

⑥ 유전체genome, Gene + Chromosome = Genome

유전체genome는 유전자gene과 염색체chromosome의 합성어로 염색체에 포함된 모든 유전자를 통틀어 유전체라고 부른다. 따라서 사람의 유전체는 23쌍의 염색체로 구성되어 있으며 인간유전체사업

human genome project의 성공적 완료로 인간 유전체가 가지고 있는 모든 유전자의 수를 확인할 수 있게 되었다. 예를 들면, 인간의 염색체 중에서 가장 큰 1번 염색체는 247Mbp 속에 총 2,776개의 유전자를 가지고 있으며 가장 작은 21번 염색체는 367개의 유전자를 가지고 있다. 사람의 유전체human genome는 약 30억 염기서열로 구성되어 있으며 그중 약 1.1～1.4%만이 생물학적 기능을 지닌 단백질을 만드는 것으로 알려져 있다. 그리고 인간 유전체에 포함되어 있는 유전자의 개수gene count는 최초의 인간유전체사업의 초안에서 예상한 31,000개보다 약간 적은 28,939개 정도로 계산하고 있다(Human Genome build 36.1, 2006년 7월 기준). 한편 인간유전체사업의 완성으로 질병 등과 같은 특정 표현형에 대한 유전체 위치 정보를 알면 현재는 그 영역에 있는 위치적 후보 유전자positional candidate genes를 쉽게 확인할 수 있어 질병 유전자 발굴을 매우 효율적으로 수행할 수 있게 되었다.

모든 사람은 개인 간에 약 99.9% 동일한 유전적 염기서열을 지니고 있고 약 0.1%의 염기서열만이 개인 간의 차이를 보이게 된다. 따라서 단지 0.1%의 염기서열 차이가 개인 간 유전적 차이의 원인으로 추정되고 있다. 한편 유전변이genetic variation는 DNA 복제과정에서 오류errors에 의한 돌연변이mutation로 만들어진다. DNA 복제과정에서의 오류가 일반 체세포에서 일어나는 경우에는 새로운 돌연변이가 다음 세대에 전달되지 않지만 만약 정자나 난자의 발생과정에서 일어난다면 새로운 변이형은 다음 세대의 모든 세포 속으로 공통

적으로 전달되게 된다. 돌연변이mutation는 평균적으로 약 염기서열
당 2.5/100,000,000의 확률(또는 한 세대에서 유전체당 약 175개의 돌연변이
발생)로 발생하는 것으로 예상하고 있다.

⑦ SNP Single Nucleotide Polymorphism(단일염기다형성)

인간 유전체의 서열 결정이 완성된 이후, 서열 분석자들은 인간의
유전체 서열들 간의 차이를 찾는 데 초점을 맞추었다. 전혀 모르는
사람과 같은 승강기를 탔다고 상상해보자. 여러분 유전체의 어느 정
도가 이 사람과 공통되게 가지고 있을까? 인간 유전체 변이에 대한
연구들은 여러분과 그 사람은 99.9% 정도 DNA 서열이 동일할 것
이라고 한다. 이 차이는 상대적인 관점에서는 매우 작지만, 인간 유
전체는 매우 크기 때문에(32억 염기쌍) 여러분과 그 사람은 실제로 약
300만 개 이상의 염기쌍에서 차이가 있을 것이다. 이 차이가 우리
각각을 고유하게 만드는 것이고, 그것들은 우리의 물리적 특징, 건
강 그리고 아마도 우리의 지
능과 성격에도 큰 영향을 미
칠 것이다.

한 염기쌍에서 차이가 있는
유전체의 부위를 단일뉴클레
오티드 다형성single nucleotide
polymorphism, SNP(발음은 '스
닙')이라고 부른다. 돌연변이

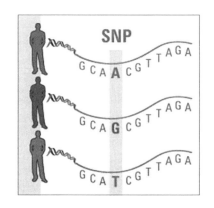

를 통해 발생한 SNP는 대립 유전자의 변이체처럼 유전된다. 비록 SNP는 혈액형 같은 표현형 차이를 만드는 대립 유전자들과 같이 표현형적 차이를 잘 만들지 않지만, SNP의 수가 많고 유전체 전체에 걸쳐서 존재한다. 서로 다른 두 사람들의 동일한 염색체를 비교하면, SNP는 약 1,000염기쌍마다 존재한다.

SNP의 변이성과 유전체 전반에서 넓게 나타나는 특성 때문에, SNP들은 연관 연구를 위함 표지체로써 가치가 있다. 어떤 SNP가 질병 유발 좌위에 물리적으로 가깝게 있을 때, 질병 유도 대립 유전자와 같이 유전되는 경향이 있다. 그 질병을 가진 사람들은 건강한 사람들과는 다른 SNP를 가지는 경향이 있다. 어떤 질병을 가진 사람들과 건강한 사람들에서 SNP 반수체의 비교는 질병에 영향을 미치는 유전자들의 존재를 보여줄 수 있다. 질병 유전자와 SNP가 가깝게 연관되어 있기 때문에, 질병 유발 유전자는 상관된 SNP의 위치로부터 결정될 수 있다.

⑧ 미토콘드리아·Mitochondria

진핵 세포의 에너지 생성기관인 미토콘드리아는 음식물로부터 에너지를 만들어 세포에 동력을 공급한다.

미토콘드리아는 세포 내 화학 에너지의 제조기다. 당류와 같은 영양 물질의 산화과정에서 나온 에너지를 이용하여 모든 세포 활동의 동력이 되는 필수 화학연료인 아데노신삼인산adenosine triphosphate, 즉, ATP를 생산한다. 미토콘드리아가 마치 호흡하는 것처럼 산소를 소

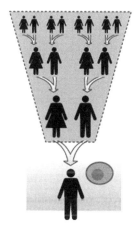
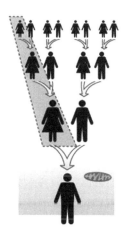

A. 핵 DNA는
조상들로부터 유전된다.

B. 미토콘드리아 DNA는
한쪽 혈통으로부터 유전된다.

비하고 이산화탄소를 배출하는 특성이 있기 때문에 이러한 일련의
과정을 세포 수준에서 일어나는 호흡이라는 뜻으로 세포 호흡이라
고 한다.

미토콘드리아는 DNA를 가지며, 세포질유전cytoplasmic inheritance의
특성을 보인다. 인간의 각 미토콘드리아는 약 15,000개의 DNA 염기
쌍과 37개의 유전자를 가진다. 30억 개의 염기쌍과 25,000개의 유
전자를 가진 핵 DNA과 비교하면 미토콘드리아 DNAmtDNA는 매우
크기가 작다. 세포질유전은 몇 가지 중요한 양상에서 핵 유전자에
암호화된 형질의 유전과 다르다. 수정란은 핵 유전자를 양친 모두로
부터 받는다. 이와 달리 세포 소기관과 모든 세포질 유전자는 배우
체 중의 하나로부터, 대개 난자에서 물려받는다. 정자는 일반적으로

아버지로부터 온 한 벌의 핵 유전자만을 제공한다. 대부분의 생명체에서 세포질은 모두 난자로부터 물려받는다. 이 경우 세포질을 통해 유전되는 형질은 암수에서 모두 나타나지만 어머니에서 자손으로 전달되고 아버지에서 자손으로는 전달되지 않으므로 모계 유전이라 불린다.

3) 중요한 유전학 용어 요약

용어		정의
교차비	Odds Ratio	case-control 연구에서 질병과 유전형 사이의 관련 비율
다형성	Polymorphism	모집단에서 어떤 유전자 자리에 적어도 두 개의 비교적 흔한 대립 유전자들이 있는 유전자 자리
대립 유전자	Allele	한 유전자에 대한 2개 또는 그 이상의 다른 형태 중의 하나
돌연변이	Mutation	DNA의 뉴클레오티드의 서열(sequence)이나 배열(arrangement)이 영구적으로 바뀌는 것
동형접합체	Homozygote	한 유전자 좌위에 같은 대립 유전자를 가지고 있는 생명체
보인자	Carrier	서로 다른 대립 유전자를 갖고 있는 이형접합체
상대적 위험도 비율	Relative Risk Ratio, RRR	Cross-sectional or Cohort study 연구에서 감수성 대립유전형질을 가진 모든 사람들에서의 질병의 빈도와 감수성 대립유전형질을 가지지 않은 모든 사람들에서의 질병의 빈도를 비교한다.
야생형	Wild-type	많은 유전자에서, 대다수의 사람에서 나타나는 개개의 우세한 대립 유전자

열성	Recessive	생물 내에 한 쌍 존재하는 염색체상에서 동일한 위치에 자리 잡고 있는 대립 유전자 중 상대 대립 유전자에 비해 그 효과가 잘 드러나지 않는 한쪽 유전자의 특성을 일컫는 말로서, 우성과 대비되는 개념으로 사용된다.
우성	Dominant	생물 내에 한 쌍 존재하는 염색체상에서 동일한 위치에 자리 잡고 있는 대립 유전자 중 상대 대립 유전자보다 그 효과가 더 잘 드러나는 한쪽 유전자의 특성을 일컫는 말로서, 열성과 대비되는 개념으로 사용된다.
유전자	Gene	특징을 결정하는 유전 요소(DNA의 지역)
유전자 좌위	Locus	대립 유전자의 염색체상의 특정 위치
유전자형	Genotype	각 생명체가 갖는 대립 유전자 세트
이형접합체	Heterozygote	한 유전자 좌위에 다른 대립 유전자를 가지고 있는 생명체
일배체형	Haplotype	염색체상의 유전자 자리나 유전자 자리들의 군집(cluster) 위에 있는 대립 유전자들의 배열 세트
침투도	Penetrance	유전자가 어떤 표현형의 발현을 조금이라도 나타내는 가망성
특징	Character, Characteristic	색깔, 모양 등 일반적 현상을 의미함
표현도	Expressivity	동일한 질환 유발 유전형을 가진 개인들 사이의 표현형의 발현의 심각한 정도
표현형 또는 형질	Phenotype, Trait	한 특징의 외적인 출현
환자-대조군 연구	Case-Control Studies	질병을 가진 어떤 개인들이 어떤 인구집단에서 선택되고, 질병을 가지지 않은 대조군에 해당되는 그룹이 그 다음에 선택되어 두 그룹에서 개개인의 유전형을 분석하는 연구

나. 유전 질환의 종류

단일 유전자 질환, 다인자 유전 질환, 염색체 질환 등 3가지가 있다.

1) 단일 유전자 질환single-gene defects : 희귀 난치성 질환 파트

각 유전자의 돌연변이에 의한다. 돌연변이는 한 쌍 중(상동염색체의 정상 대립 유전자와 짝이 되는) 염색체 쌍 중 하나의 염색체에만 존재하나 두 개의 염색체 다 존재할 수 있다. 그 두 경우에는 돌연변이가 세포 핵 내의 유전체가 아니라, 미토콘드리아 내에 있다. 어떤 경우든지 질병의 원인은 단일 유전자에 의해서 전달되는 유전 정보의 결정적인 오류에 있다. 낭포성섬유증Cystic Fibrosis이나 겸형 적혈구 빈혈증Sickle Cell Anemia, 마르판 증후군Marfan Syndrome과 같은 단일 유전자 질환은 보통 분명하고 특징적인 가계도 내 유전양상을 보인다. 대부분의 그러한 질환은 희귀하여 그 빈도가 많게는 500~1,000명 중에 하나의 빈도로 나타나는데 보통은 그 빈도가 이보다 훨씬 낮다. 물론, 개개의 질환은 희귀하나 단일 유전자 질환의 한 질환 집단으로는 상당한 부분의 질병과 사망에 책임이 있다.

인구 전체를 고려해보면 단일 유전 질환은 2%의 인구에 일생동안 영향을 미치고 있다. 100만 명 이상의 출생아를 가진 집단 연구에서 심각한 단일 유전 질환의 빈도는 소아인구 중 0.36%이며 그중 병원에 입원을 요하는 아동들의 6~8%가 단일 유전자 질환을 가진 것으로 추정되었다.

- OMIM : 3917종 이상의 멘델 유전성 양식의 유전질환이 수록되어 있다.
- 일반적으로 단일 유전자 질환은 전부는 아니지만 대개 소아 연령기 영역pediatric age range의 질환이라고 흔히 일컫고 있다. 10% 이하는 사춘기 이후에, 단지 1%가 생식 시기가 끝난 이후에 발생한다. 단일 유전자 질환은 비록 개별적으로는 드물지만 질환 그룹으로서는 아동기 질환과 사망에 주목할 만한 비율을 차지한다.
- 심각한 단일 유전자 질환의 발병률은 0.36%로 추정되고 있다. 병원에 입원한 소아 중에서 6~8%는 단일유전자 질환을 가지고 있을 것으로 추정된다.

가) Missense Mutation : DNA 염기 하나가 다른 종류의 염기로 바뀜으로써 그 위치에서 만들어질 아미노산이 다른 아미노산으로 바뀌는 돌연변이를 말한다. 예를 들면 sickle cell anemia의 경우 betaglobulin의 6번째 아미노산인 Glutamine이 Valine으로 치환된 것인데 이 아미노산을 전사하는 유전코드가 CAG에서 CTG로 가운데 염기가 치환된 것에 기인한다.

예) 대동맥판상부협착증: Elastin 유전자의 변이로 유발

낭포성섬유증: CFTR 유전자상의 돌연변이로 인해 유발

나) Nonsense Mutation245 : DNA 염기 하나가 다른 종류의 염기로 바뀜으로써 그 위치에 종결 코돈이 형성되는 돌연변이(ACC, 트리프토판지

정⇨ ACT, ATC 종료 코돈)

예) 뒤시엔느 근위영양증: dystrophin 유전자상의 돌연변이로 인해 유발
레트 증후군: MecP2 유전자상의 돌연변이로 인해 유발

다) Silent mutation, ⇨ TCA, TCG로 변해도 같은 단백질(세린)으로
전사되어 실제 아무런 질환을 일으키지 않는다.

2) 다인자 유전 질환Multifactorial inheritance: 일반 질환 파트

다인자 유전은 대부분의 질환에 관련된다. 다인자 유전 질환에서는
모두 유전적 요소를 가지고 있다. 그 증거로서 이환된 사람(환자)의 친
척에서 질환의 재발 위험도가 높고, 일란성 쌍생아에서 이란성 쌍생아
보다 더욱 높다. 그러나 가족 내에서 질환이 유전되는 양상은 단일 유
전자 이상 때 볼 수 있는 특징적인 양상에는 맞지 않다. 다인자 질환에
는 산전발생학적 질환 등으로 선천성 기형을 가져오는 히르슈슈프룽병
Hirschsprung's Disease이나 입술갈림증, 입천장갈림증, 선천성 심장질환
과 성인기에 많은 질환들로 치매Alzheimer, 당뇨, 고혈압 등이 있다. 이
러한 질환의 대부분에서는 유전 정보의 단일 오류가 있어 보이지는 않
는다. 오히려 이 질환에서는 하나, 둘 그 이상의 다른 유전자들이, 흔하
게 환경적인 요인과 함께 작용한 결과 심각한 질환을 유발하거나 병에
걸리기 쉽게 한다. 다인자 질환은 소아 인구의 5%, 전체 인구의 60%
이상에서 영향을 주는 것으로 추정된다.

선천적인 기형, 심근경색증, 암, 정신질환, 당뇨, 그리고 알츠하이머 병과 같은 질병은 일생 동안 3명에 한 명꼴로 발병하고 또한 조기 사망에 이르게 한다. 이 질환들은 대부분 가족 내에서 집중적으로 발생하는데 이는 일반적인 인구 집단에서보다 환자의 친척에게서 더 자주 발생하는 것처럼 보인다. 그리고 그들의 유전 양상은 단일 유전자 이상에서 보이는 멘델의 유전 법칙을 따르지 않는다. 대신에 그 질환들은 많은 수의 유전적인 그리고 환경적 요인 사이의 복잡한 상호 작용에 의해 기인한다고 생각되며 다인자성multifactorial 또는 복합성complex 유전 형태를 따른다고 일컬어진다. 가족에서 집중되어 나타나는 현상은 이 인구 집단이 다른 사람들에 비해 그들의 유전 정보와 환경적 노출의 비율을 상당부분 공유하기 때문이라고 설명할 수 있다. 따라서 환자의 친척들은 발달자와 아무런 관련이 없는 사람보다 훨씬 더 비슷한 유전자—유전자gene-gene 그리고 유전자—환경의 상호 작용gene-environment interaction 을 경험할 것이다.

예를 들어 다양한 유전 좌위의 유전형에 의하여 감수성이 상승의 증폭을 보일 수도 있고, 다른 좌위의 유전형에 의해 한 좌위의 유전형의 효과가 감소될 수도 있다. 개인을 둘러싼 환경적 요소에 체계적으로 노출되든 우연히 노출되든, 유전자와 환경의 상호 작용은 개인의 질병 위험도와 질환의 유전형질을 더욱더 복잡하게 하고 있다.

타입	출생 시 발생률 (1,000명당)	25세 유병률 (1,000명당)	인구 유병률 (1,000명당)
게놈 및 염색체 돌연변이로 인한 장애	6	1.8	3.8
단일 유전자 돌연변이로 인한 장애	10	3.6	20
다인자 유전을 가진 장애	~50	~50	~600

(출처: Rimoin DL, Conor JM, PyeritzRE:Emery and Rimoin's Principles and Practice of Medical Genetics, 3rd ed. Edinburgh, Churchill Livingstone, 1997.)

3) 염색체 질환Chromosome Disorders

유전자 청사진에서 하나의 유전자 이상에 의한 것이 아니라, 염색체 전체, 염색체의 일부에 포함되어 있는 유전자들의 과잉 또는 부족에 의한다. 예를 들어 21번 염색체가 하나 더 있을 경우, 그 염색체상에 있는 개개인 유전자는 이상이 없지만 특별한 질환인 다운 증후군을 가져온다. 전체적으로 보면 염색체 이상은 흔하여 약 1,000명의 신생아 중에 7명, 모든 임신 초기 자연 유산의 절반 정도를 차지한다.

가) 상염색체 숫자 이상

예) 다운 증후군Trisomy 21: 21번 염색체가 3개인 경우

에드워드 증후군Trisomy 18: 18번 염색체가 3개인 경우

파타우 증후군Trisomy 13: 13번 염색체가 3개인 경우

묘성 증후군: 5번 염색체의 일부가 결실된 경우

나) 성염색체의 숫자 이상: 성염색체의 수가 많거나 적어짐으로써
유발되는 질환

예) 터너 증후군: X 염색체가 1개만 있는 여성

클라인펠터 증후군: XXY 염색체를 갖고 있는 경우

야콥 증후군: XYY 염색체를 갖고 있는 남성

다) 염색체 구조 취약

염색체 숫자 이상 정도는 아니지만 인접해 있는 여러 유전자들이 결
손되거나 중복됨으로써 유발되는 질환 혹은 염색체 자체가 부서지기
쉬운 질환

예) 윌리엄스 증후군: 7번 염색체의 일부가 결실

프레더-윌리 증후군: 15번 염색체의 일부가 결실

프레자일X 증후군: X 염색체의 특정 부위가 잘리기 쉬운 경우

4) 유전 양상

단일 유전자 질환에 의한 유전양상은 멘델의 유전 법칙에 따라 유전
하는 상염색체 우성, 상염색체 열성, 성염색체 우성, 성염색체 열성 질

환이 있고, 멘델의 유전 법칙에
따르지 않는 유전체 각인Genomic
Imprinting, 표현촉진anticipation,
미토콘드리아 유전Mitochondrial
Inheritance 등이 있다.

	남성	여성
유전형질에 영향을 받지 않은 사람	□	○
유전형질에 영향을 받은 사람	■	●

① 상염색체 우성

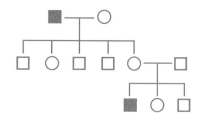

상염색체 우성 유전 질환의
특징은 매 세대에서 환자가
발생하며, 남녀환자 비가 비
슷하고, 환자인 가족원의 자

녀 중에서는 약 50%의 확률로 환자가 발생하며, 대개 어느 정도 성
장이 된 후 증상이 나타난다. 대개 질환의 증상이 매우 다양하고, 투
과도가 불완전한 경우가 많다.

② 상염색체 열성

환자가 발생한 세대의 전과 후로는 환자를 찾아
보기 어려우며, 남녀 비슷하게 환자로 이환되고
환자의 부모는 무증상 보인자다. 두 보인자 부모
에게서 이환된 아이가 태어날 확률은 25%다. 환

자의 자녀는 모두 보인자가 되며, 보인자나 환자와 혼인하지 않는 한
증상은 발현되지 않는다. 대개 선천성 대사 질환이 이 범주에 속한다.

③ 성염색체 우성

이환된 남성의 딸은 항상 질환
을 유전하고, 이환된 남성의
아들은 항상 환자가 아니다.
이환된 여성은 자녀에게 50%
의 확률로 질환을 유전한다.

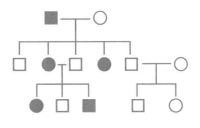

가계도에서 이환된 여성의 수가 이환된 남성의 수보다 약 2배 많다.

④ 성염색체 열성

거의 모두 남성만 이환되며 보인자인
여성을 통해 아들에게 유전된다. 남성
에서 남성으로 유전되는 양상은 관찰되
지 않으며, 무증상 보인자 여성이 자녀
를 낳는 경우 남아는 50%의 확률로 환
자이며 여아는 50%의 확률로 보인자가 된다.

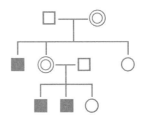

DTC 유전자 검사 가이드라인

일반 소비자용(제공: 보건복지부)

당신은 어떤 유전자를 가지고 있을까요? 이제는 유전자 검사를 통하여 유전자 변이를 손쉽게 확인할 수 있는 시대가 되었습니다. 당신의 DNA를 분석해보면 유전자 전체에서 다른 사람들과 배열이 다른 곳이 수백만 개 있을 수 있습니다.

유전자 검사는 당신의 유전자 변이 결과를 컴퓨터로 분석하여 '같은 나이 집단의 평균치보다 1.5배 위험하다'거나 '당신과 같은 유전자형 남자의 평균과 같다' 등의 결과를 알려줍니다.

그러면 유전자 검사에서 '퇴행성 관절염 감수성 위험이 1.5배'로 나온다면 그것은 어떤 의미일까요? 그 의미는 당신이 퇴행성 관절염에 당장 걸릴 확률이 1.5배라는 이야기는 아닙니다. 1) 이것은 많은 대상자를 연구하여 분석한 통계적인 수치이고 2) 각 개인에게 구체적 의미보다는 퇴행성 관절염 위험도 등의 여러 원인이 되는 가능성 중에 유전적 가능성을 제시해주는 것이라고 할 수 있습니다. 추가 연구를 통하여 그 수치는 바뀔 수도 있습니다. 또한 유전자는 가족 내에서 공유되며, 유전자 검사 결과가 포함된 개인정보도 가족 내에서 공유될 수도 있습니다.

이 가이드라인은 유전자 검사 중 DTC 유전자 검사를 통해 얻을 수 있는 정보는 어떤 것이 있고, 이를 어떻게 받아들이고 개인정보에 대해 어떻게 보호할 수 있는지 안내하는 자료입니다.

1. DTC 유전자 검사란?

일반적으로 유전자 검사는 질병의 예방과 진단 및 치료에 활용되는 경우, 의료기관에서 진료 과정에서 의사가 검사의 필요성을 판단하고, 필요시 나에게 필요한 검사를 처방 및 진행합니다. 이후 담당 의사가 결과를 설명하는 방식으로 진행됩니다.

DTC 유전자 검사는 의료기관을 방문하지 않고 소비자가 직접 유전자 검사를 받을 수 있는 검사입니다. 보건복지부 고시(제2020-35호 「의료기관이 아닌 유전자 검사 기관이 직접 실시할 수 있는 유전자 검사 항목에 관한 규정」, 20. 2. 17)에서는 소비자 대상 직접 유전자 검사를 '의료기관이 아닌 유전자 검사 기관이 검체 수집, 검사, 검사 결과 분석 및 검사 결과 전달 등을 소비자 대상으로 직접 수행하여 실시할 수 있는 검사'로 정의하고 있습니다. DTC 유전자 검사는 검사 수행의 목적이 의료기관에서 시행하는 검사와 다르고, 검사 의뢰 및 해석 과정에 의료 전문가가 개입하지 않으므로 검사의 의료적 필요성이나 유효성이 명확하지 않은 검사가 시행될 수 있습니다.

이에 보건복지부는 자격을 갖춘 유전자 검사 기관에 한하여 보건복지부 장관이 허용한 항목에 대한 DTC 유전자 검사를 수행할 수 있도록 인증제 시범사업을 진행하고 있습니다. 현재 우리나라에서는 주로 개인의 특성이나 건강에 관련된 웰니스 항목에 대하여 DTC 유전자 검사를 허용하고 있으며, 영양소, 운동, 피부·모발, 식습관, 개인 특성(알코올 대사, 니코틴 대사, 수면습관, 통증 민감도 등), 건강관리(퇴행성 관절염, 멀미, 요산치, 체지방률 등), 혈통(조상 찾기) 등 56항목이 포함되어 있습니다. 질병의 진단이나 치료 등 의료적 목적을 위한 검사는 의료기관을 통해서 검사가 가능합니다.

2. DTC 유전자 검사는 어떻게 수행되는가?

DTC 유전자 검사는 다음의 과정으로 이루어집니다.

1) 검사 키트 구입
검사 키트는 온라인 또는 약국, 마트, 기능성 식품매장 등 여러 곳에서 구입할 수 있습니다.

2) 동의서 작성

소비자가 직접 유전자 검사 동의서 및 설명문을 읽고 충분히 이해한 후 자필로 서명을 하여야 합니다(검사 기관은 소비자에게 충분한 설명을 제공하여야 하며, 그 방법은 기관에 따라 다양할 수 있습니다). 온라인 방식의 전자문서를 이용하는 검사 기관의 경우 온라인상에 서명을 하고 유전자 검사 동의서에 전자서명이 구현되는 방식으로 동의서를 작성할 수도 있습니다.

3) 검체 채취 및 수집

검사 키트 내에 검체 채취 두구와 설명서가 포함되어 있습니다. 포함된 용기에 적당량의 침을 모으거나 면봉으로 뺨 안쪽을 긁는 방법을 주로 사용하며 채취한 후에 소비자가 직접 검사 기관으로 보냅니다. 채취된 검체를 포함한 키트는 유전자 검사 기관의 책임하에 유전자 검사 기관으로 보내지고 수집되어야 합니다.

4) 분석

유전자 검사 기관에서는 검체를 받은 후 DNA를 추출하여 유전자 분석을 수행하고 결과를 분석하여 보고서를 작성합니다.

5) 결과 수령

작성된 보고서는 검사 대상자 본인임을 확인할 수 있는 우편, 이메일 또는 웹사이트 접속을 통하여 전달될 수 있습니다. 검사 결과에는 개인의 유전 정보가 들어 있으므로 본인에게만 제공되어야 합니다.

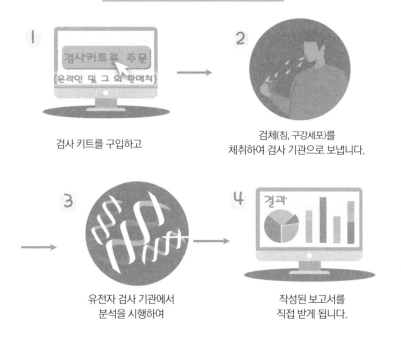

검사는 어떻게 이루어지나요?

1 검사 키트를 주문
(온라인 및 그 외 판매처)
검사 키트를 구입하고

2 검체(침, 구강세포)를
체취하여 검사 기관으로 보냅니다.

3 유전자 검사 기관에서
분석을 시행하여

4 결과
작성된 보고서를
직접 받게 됩니다.

3. DTC 유전자 검사는 어떻게 활용되고 제한되는가?

1) 결과 활용

검사 결과를 수령한 소비자는 검사 결과에 대해 검사 기관에 설명을 요구할 수 있으며, 본인의 판단하에 검사 결과를 바탕으로 각종 연관 서비스를 선택할 수 있습니다(이 경우 검사 기관이 직접 소비자에게 결과 전달을 하지 않고 검사 기관으로 신고되지 않은 연관 서비스 회사를 통해 결과 전달을 하면서 유·무상의 상품 판매를 권유하는 행위는 허용되지 않습니다). 본인의 판단하에 건강관리 서비스를 이용하거나 건강기능식품을 구입·활용하는 행위는 제한되지 않으나, 검사 기관이 검사 결과를 제공하면서 상품의 구체적인 브랜드를 적시하며 판매를 직접 유도하는 행위는 권고되지 않습니다.

영양소 관련 유전자 검사 결과에서 결핍한 영양성분에 대한 단순 안내는 가능합니다. 이 경우에도 소비자는 한국인 대상 영양소 표준 섭취량을 과도하게 상회하는 영양 보충제 섭취를 삼가는 등 신중한 판단을 권고합니다. 또한 유전자형과 체중, 운동 능력, 수면 등과 같은 복잡한 **표현형**과의 연관성 및 인과관계가 명확히 밝혀지지 않았을 수도 있습니다. 따라서 DTC 유전자 검사의 결과를 바탕으로 권장되는 제품이나 서비스의 효능을 예측하기 어려우므로 신중하게 선택하여야 합니다.

2) 유전자 검사에 의한 차별 금지

생명윤리법에서는 유전 정보에 의한 차별 금지규정을 두고 있습니다. 특히 유전자 검사 결과를 바탕으로 '교육·고용·승진·보험 등 사회활동에서 다른 사람을 차별해서는 아니된다'라고 규정하고 있습니다.

「**생명윤리 및 안전에 관한 법률**」
제46조(유전 정보에 의한 차별 금지 등)
① 누구든지 유전 정보를 이유로 교육·고용·승진·보험 등 사회활동에서 다른 사람을 차별하여서는 아니된다.
② 다른 법률에 특별한 규정이 있는 경우를 제외하고는 누구든지 타인에게 유전자 검사를 받도록 강요하거나 유전자 검사의 결과를 제출하도록 강요하여서는 아니된다.

이때 '차별'이란 국가인권위원회법 제2조 제3호 나목에 따라 "재화·용역·교통수단·상업시설·토지·주거시설의 공급이나 이용과 관련하여 특정한 사람을 우대·배제·구별하거나 불리하게 대우하는 행위"를 말합니다. 따라서 교육·고용·승진·보험 등 사회활동에서 유전자 검사를 받은 소비자를 차별적으로 우대하거나 배제하여서는 아니됩니다. 특히 아동의 교육목적이나 소비자의 보험 가입 시 유전자 검사 결과에 따라 차별하는 행위는 엄격히 금지되며 2년 이하의 징역이나 3천만 원 이하의 벌금형에 처해질 소지가 있습니다(생명윤리법 제67조).

3) 미성년자 대상 유전자 검사의 제한

2020년 2월 17일 개정된 보건복지부 고시(제2020-35호 「의료기관이 아닌 유전자 검사 기관이 직접 실시할 수 있는 유전자 검사 항목에 관한 규정」)에서는 '소비자 직접 유전자 검사 시 미성년자 등 동의능력이 없거나 불완전한 사람을 대상으로 실시하기 위해서는 실시가능 범위 및 모집방법 등을 포함한 실시방법 등에 대해 보건복지부 장관이 정하는 기준에 따라 수행하여야 한다'라고 규정되어 있습니다.

이는 보건복지부 가이드라인이 제시되기 전에는 미성년자 대상 유전자 검사를 확대된 56항목에 대해서는 수행할 수 없음을 말합니다. 기존 허용된 11항목(45유전자) 검사에 대해서는 대리인의 동의를 조건으로 미성년자에 대한 검사가 여전히 가능합니다.

기존 허용 유전자(11항목, 45유전자)가 아닌 추가 항목·유전자에 대해서는 미성년 검사는 이와 관련한 가이드라인이 배포된 후에 가능합니다. 조만간 배포될 보건복지부 가이드라인에 따라 소비자들은 절차와 방법을 준수하여 검사를 신청할 수 있게 될 예정입니다(2020년 상반기 중 지침 배포 예정).

분류	소비자 대상 직접 유전자 검사 고시 추가 허용 항목(2020. 2. 17)		
영양소	비타민C 농도 지방산 농도 칼슘 농도 아르기닌 농도	마그네슘 농도 비타민D 농도 코엔자임 Q10농도	칼륨 농도 아연 농도 철 저장 및 농도
운동	근력 운동 적합성 유산소 운동 적합성 지구력운동 적합성	근육발달능력 단거리 질주 능력 발목 부상 위험도	악력 운동 후 회복능력
피부/모발	기미/주근깨 원형 탈모 남성형 탈모 모발 굵기	피부노화 색소침착 여드름 발생	튼살/각질 피부염증 태양 노출 후 태닝반응
식습관	식욕 짠맛 민감도	쓴맛 민감도 단맛 민감도	포만감
개인 특성	알코올 대사 수면습관/시간 카페인 의존성 니코틴 의존성	와인선호도 알코올 의존성 아침형, 저녁형 인간 불면증	카페인 대사 니코틴 대사 알코올 홍조 통증 민감성
건강관리	퇴행성 관절염증 감수성 혈압 콜레스테롤 혈당	요산치 멀미 비만	체질량지수 중성지방농도 체지방률
혈통	조상찾기		

*밑줄: 기존 허용 11항목

4) 신고되지 않은 검사 기관 및 위탁자에 의한 검사의 제한

현행 생명윤리법에서는 유전자 검사를 시행하기 위해서는 시설·인력 기준 등을 준수하여 신고한 후 검사 서비스를 판매할 수 있습니다. 질병관리본부에 유전자 검사 기관으로 신고되지 않은 국내 미신고 기관이나 해외 유전자 검사 기관을 통해 유전자 검사를 수행·의뢰·알선하는 행위는 불법사항에 해당됩니다. 국내 유전자 검사 관련 규정을 잘 준수하는 정식 신고된 검사 기관에서 정확하고 안전한 유전자 검사를 받고 유전 정보를 활용하기를 권고드립니다.

※ 정식 신고된 검사 기관을 확인하는 방법
- 11항목: 질병관리본부 홈페이지, 검사 기관의 유전자 검사 기관 신고 번호 확인〔참고 1〕
- 확대 항목(56항목): 보건복지부 고시 제2020-35호, '의료기관이 아닌 유전자 검사 기관이 직접 실시할 수 있는 유전자 검사 항목에 관한 규정' 별표에서 검사 기관별 허용 항목 확인.

5) 허용되지 않은 검사 항목의 제한

생명윤리법에서는 시행할 수 있는 DTC 유전자 검사 항목을 소비자 오도 방지 등의 목적으로 엄격하게 제한하고 있습니다. 〔표 1〕의 11항목. 45유전자의 경우 신고된 검사 기관만이 검사 수행이 가능합니다. 〔표 2〕의 검사 기관과 검사 항목에 대해서는 신고된 검사 기관 중 검사 기관 질관리 목적의 시범사업에 참여하여 19년 평가인증을 통과한 검사 기관(4개)에 한해서만 유전자 제한 없이 2년간 검사 가능하도록 임시 허가 제도로 운영하고 있습니다. 그러나 질병의 진단 및 치료 관련 항목은 DTC 유전자 검사로 허용되고 있지 않습니다.

※ 표1. 신고된 검사 기관은 누구나 검사 가능한 DTC 검사(항목 및 유전자 한정)

연번	검사 항목(유전자수)	유전자명
1	체질량지수(3)	FTO, MC4R, BDNF
2	중성지방농도(8)	GCKR, DOCK7, ANGPTL3, BAZ1B, TBL2, MLXIPL, LOC105375745, TRIB1
3	콜레스테롤(8)	CELSR2, SORT1, HMGCR, ABO, ABCA1, MYL2, LIPG, CETP
4	혈당(8)	CDKN2A/B, G6PC2, GCK, GCKR, GLIS3, MTNR1B, DGKB-TMEM195, SLC30A8
5	혈당(8)	NPR3, ATP2B1, NT5C2, CSK, FGF5, HECTD4, GUCY1A3, CYP17A1
6	색소 침착(2)	OCA2, MC1R
7	탈모(3)	chr20p11(rs1160312,rs2180439),IL2RA,HLADQB1
8	모발 굵기(1)	EDAR
9	피부 노화(1)	AGER
10	비타민C농도(1)	SLC23A1(SVCT1)
11	카페인대사(2)	AHR, CYP1A1-CYP1A2

※ 표2. 보건복지부 시범사업에 평가 통과한 검사 기관만 검사 가능한 DTC 검사 항목

(유전자 제한은 없음)

검사 기관	검사 기관별 임시허용 항목(2020. 2.~22. 2.)
랩지노믹스사 10항목	비타민D 농도, 근력 운동 적합성, 지구력운동 적합성, 운동 후 회복능력, 원형 탈모, 식욕, 포만감, 단맛 민감도, 쓴맛 민감도, 비만
테라젠이텍스사 56항목	비타민C 농도*, 비타민D 농도, 코엔자임Q10 농도, 마그네슘 농도, 아연 농도, 철 저장 및 농도, 칼륨 농도, 칼슘 농도, 아르기닌 농도, 지방산 농도, 근력 운동 적합성, 유산소 운동 적합성, 지구력운동 적합성, 근육발달능력,단거리 질주 능력,발목 부상 위험도, 악력, 운동 후 회복능력, 기미/주근깨, 색소침착*, 여드름 발생, 피부노화*, 피부염증, 태양 노출 후 태닝반응, 튼살/각질, 남성형 탈모*, 모발 굵기*, 원형 탈모, 식욕, 포만감, 단맛 민감도, 쓴맛 민감도, 짠맛 민감도, 알코올 대사, 알코올 의존성, 알코올 홍조, 와인선호도, 니코틴 대사, 니코틴 의존성, 카페인 대사*, 카페인 의존성, 불면증, 수면습관/시간, 아침형-저녁형 인간, 통증 민감성, 퇴행성 관절염증 감수성, 멀미, 비만, 요산치, 중성지방농도*, 체지방율, 체질량지수*, 콜레스테롤*, 혈당*, 혈압*
마크로젠사 27항목	비타민C 농도*, 비타민D 농도, 코엔자임Q10 농도, 마그네슘 농도, 철 저장 및 농도, 칼슘 농도, 지방산 농도, 근력 운동 적합성, 지구력운동 적합성, 운동 후 회복능력, 색소침착*, 피부노화*, 남성형 탈모*, 모발 굵기*, 원형 탈모, 식욕, 포만감, 쓴맛 민감도, 알코올 홍조, 니코틴 의존성, 카페인 대사*, 비만, 중성지방농도*, 체질량지수*, 콜레스테롤*, 혈당*, 혈압*
이원다이애그노믹스사 55항	비타민C 농도*, 비타민D 농도, 마그네슘 농도, 아연 농도, 철 저장 및 농도, 칼륨 농도, 칼슘 농도, 아르기닌 농도, 지방산 농도, 근력 운동 적합성, 유산소 운동 적합성, 지구력운동 적합성, 근육발달능력,단거리 질주 능력, 악력, 운동 후 회복능력, 기미/주근깨, 색소침착*, 여드름 발생, 피부노화*, 피부염증, 태양 노출 후 태닝반응, 튼살/각질, 남성형 탈모*, 모발 굵기*, 원형 탈모, 식욕, 포만감, 단맛 민감도, 쓴맛 민감도, 짠맛 민감도, 알코올 대사, 알코올 의존성, 알코올 홍조, 와인선호도, 니코틴 대사, 니코틴 의존성, 카페인 대사*, 카페인 의존성, 불면증, 수면습관/시간, 아침형-저녁형 인간, 통증 민감성, 퇴행성 관절염증 감수성, 멀미, 비만, 요산치, 중성지방농도*, 체지방율, 체질량지수*, 콜레스테롤*, 혈당*, 혈압*, 조산찾기

*기존허용 11항목과 항목 중복

4. DTC 유전자 검사의 한계

개인의 특성과 건강 상태는 유전자형 외에도 식습관이나 운동과 같은 개인의 생활 습관 또는 환경의 영향을 많이 받기 때문에 DTC 유전자 검사에서 예측된 결과가 현재 개인의 상태와 다를 수도 있습니다.

또한 분석한 유전자형의 개수 · 종류 · 해석 방법(알고리즘) 및 보유하고 있는 참조 데이터베이스에 따라 회사별로 상이한 결과를 보이기도 합니다. 그렇기 때문에 동일인에 대한 DTC 유전자 검사 결과를 해석할 때, 검사 기관별로 해석 결과가 다를 수도 있다는 점을 인지하셔야 합니다. 이는 검사 기관에 따라 검사에 선택하는 유전자형이 다르고 개인의 특성을 분석하는 방식이나 해석하는 근거가 충분하지 않아 각자의 방식으로 결과를 도출하기 때문입니다.

DTC 유전자 검사 결과를 잘 이해하여 자신의 건강을 더 주의 깊게 관리하고 유익한 생활 습관을 가지도록 노력한다면 건강 증진에 도움이 될 것입니다. 그러나, DTC 유전자 검사는 질병을 진단 또는 치료하기 위한 목적이 아니므로 자신의 검사 결과를 해석할 때 이러한 한계점을 인지하는 것이 중요합니다. 의학적 소견이 필요한 경우에는 반드시 의료기관을 방문하여 의사와 상담하시기 바랍니다.

5. DTC 유전자 검사를 어떻게 선택해야 하나요?

DTC 유전자 검사를 구매하기 전에 검사를 수행하는 유전자 검사 기관에 대해 알아보아야 합니다. 제품의 설명, 검사 방법, 가격, 결과지 예시 등을 꼼꼼히 살펴보고 선택하는 것이 좋습니다.

또한 개인의 특성·건강·혈통에 대해 알게 된 정보로 인해 예상치 않은 스트레스나 불안감을 받을 수도 있고, 본인 외에 가족의 유전 정보가 간접적으로 유추될 수도 있다는 점을 검사 서비스를 구입하기 전에 고려할 필요가 있습니다. 검사는 본인이 직접 선택하고 결과도 본인이 직접 받아야 하며, 제3자가 대신하여 DTC 유전자 검사를 의뢰하거나 결과를 받는 것은 금지되어 있습니다.

※ 소비자가 DTC 유전자 검사를 하기 전 검사 기관 선정을 위한 체크리스트

☐ 검사 결과가 의사의 진단이 아닌 것으로 기재되어 있다.

☐ 유전자 검사 결과에서 체질 등에 관한 판정을 위한 과학적 근거(논문이나 자신의 연구결과)를 언급하고 있다

☐ 유전자의 어디를 조사하는지 설명하고 있다

☐ 검사 결과는 '같은 유전자의 특징을 가지고 있는 사람들 사이에서의 일반적인 경향이다'를 나타내고 있다

☐ 홈페이지나 팜플렛에서 유전자 검사에 관한 설명 자료와 동의서를 볼 수 있다

☐ 사전에 서면(대면) 등 상세한 설명과 동의를 확인한 후 검사를 진행한다

☐ 검사 결과에 따라 유상 상품 판매, 유상의 생활지도 등의 보조 서비스를 직접 제공하거

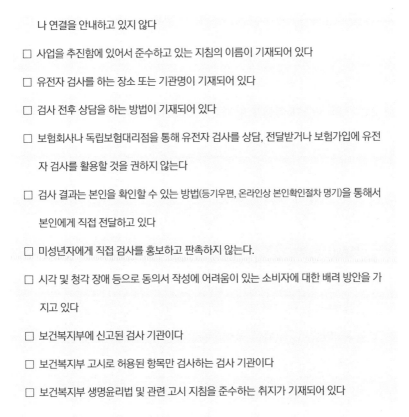

나 연결을 안내하고 있지 않다

☐ 사업을 추진함에 있어서 준수하고 있는 지침의 이름이 기재되어 있다

☐ 유전자 검사를 하는 장소 또는 기관명이 기재되어 있다

☐ 검사 전후 상담을 하는 방법이 기재되어 있다

☐ 보험회사나 독립보험대리점을 통해 유전자 검사를 상담, 전달받거나 보험가입에 유전자 검사를 활용할 것을 권하지 않는다

☐ 검사 결과는 본인을 확인할 수 있는 방법(등기우편, 온라인상 본인확인절차 명기)을 통해서 본인에게 직접 전달하고 있다

☐ 미성년자에게 직접 검사를 홍보하고 판촉하지 않는다.

☐ 시각 및 청각 장애 등으로 동의서 작성에 어려움이 있는 소비자에 대한 배려 방안을 가지고 있다

☐ 보건복지부에 신고된 검사 기관이다

☐ 보건복지부 고시로 허용된 항목만 검사하는 검사 기관이다

☐ 보건복지부 생명윤리법 및 관련 고시 지침을 준수하는 취지가 기재되어 있다

6. 개인정보 보호

유전자 분석 결과는 개인의 고유하고 민감한 정보를 포함하고 있습니다. 따라서 당사자가 동의하거나 법률에 특별한 규정이 있는 경우를 제외하고는 비밀로 보호되어야 합니다. DTC 유전자 검사를 선택할 때 회사가 검체를 어떻게 처리하는지 개인정보를 어떻게 보호하고 데이터를

안전하게 관리하는지 등에 대한 내용을 확인할 필요가 있습니다. DTC 유전자 검사 기관들은 홈페이지 또는 검사 설명서에 개인정보 보호정책에 대한 상세한 내용을 제공하며 소비자가 궁금한 점이 있는 경우 회사에 문의하여 자세한 정보를 확인할 수 있습니다.

7. 검사 분류별 결과의 이해

A. 영양소

이 검사는 각 개인의 유전자형과 체내 영양소 농도와의 관계와의 결과를 제시합니다. 유전자형에 따라 각 영양소의 농도가 개인별로 차이가 있을 수 있습니다. 예를 들어 '마그네슘 농도: 낮음'의 결과는 해당 유전자형을 가진 사람들이 다른 유전자형인 사람들에 비해 체내 마그네슘 농도가 낮을 가능성이 있다는 것을 의미합니다. 그러나 현재 마그네슘 결핍증이 있다는 뜻은 아닙니다.

- 철 저장 및 농도: 개인의 철분의 체내 저장 및 농도에 미치는 유전적 요소를 분석하는 항목으로, 철분을 세포내로 이동시키는 운반체나 흡수 및 대사 조절인자 등과 관련된 유전자를 분석합니다.
- 지방산 농도: 오메가 6나 오메가 3와 같은 지방산의 체내 농도에 영향을 줄 수 있는 유전적 요인을 분석하는 항목으로, 지방산의 합성이나 대사에 관여하는 유전자를 분석합니다.

B. 운동

이 검사는 유전자형에 따른 운동 능력에 관한 정보를 제공합니다. 구체적으로 근력 운동 적합성, 유산소 운동 적합성, 지구력 운동 적합성, 근육 발달 능력, 단거리 질주 능력, 발목부상 위험도, 악력, 운동 회복 능력과 같은 항목으로 구성되어 있습니다. 개인의 유전자형에 따라 각 항목별 결과를 몇 가지 단계로 제시합니다. 예를 들어 '유산소 운동 적합성 낮음'의 결과는 해당 유전자형을 가진 사람들이 다른 유전자형인 사람들에 비해 최대 산소 섭취량이 낮다는 것을 의미합니다. 그러나 유전적 요인이 개인의 운동 능력 등과 같은 표현형에 기여하는 비율은 제한적이며, 생활 습관이나 환경 그리고 훈련 등 다른 여러 가지 인자가 관련되어 있으므로 현재 개인의 상태와 다를 수 있습니다.

- 유산소 운동 적합성: 세포내 에너지 생성 및 호흡 또는 간의 당 생성을 포함한 대사과정을 조절하는 유전자를 분석하여, 최대 산소 섭취량의 정도를 예측합니다.
- 단거리 질주 능력: 근육 섬유의 재생이나 근육의 수축 및 이완 등에 관여하는 유전자를 분석하여 예측하는 항목입니다.

C. 피부/모발

유전자형에 따른 다양한 피부에 관한 위험도 정보를 제공합니다. 구체적으로 색소침착, 피부노화, 여드름 발생, 피부 염증, 모발 굵기, 탈모 등과 같은 항목으로 구성되어 있습니다. '탈모의 위험성이 높다'는 결과가 반드시 탈모가 된다는 것을 의미하지는 않으며, '탈모의 위험도가 낮다'는 결과가 절대로 탈모가 발생하지 않는다는 의미는 아닙니다.

- 튼살/각질: 피부와 같은 결합조직에서 탄성과 관련된 단백질을 만드는 유전자를 분석하여 유전적 요인을 파악합니다.
- 피부염증: 여드름 혹은 뾰루지 등의 발생 경향에 대한 유전적 요인을 분석하는 항목으로, 호르몬 분비 또는 백혈구의 이동과 관련된 유전자를 분석하여 호발 가능성을 예측합니다.

D. 식습관

이 검사는 유전자형에 따른 식습관에 관한 정보를 제공합니다. 구체적으로 식욕, 포만감, 단맛 민감도, 쓴맛 민감도, 짠맛 민감도와 같은 항목으로 구성되어 있습니다. 개인의 유전자형에 따라 각 항목별 결과를 몇 가지 단계로 제시하고, 이에 따른 식이 및 생활 습관에 대한 정보를 제공하기도 합니다. 예를 들어 '짠맛 민감도 낮음'의 결과는 짠맛을 다른 사람에 비하여 덜 느낄 수 있다는 것을 의미하며 과도한 염분 섭취를 자제하도록 권장할 수 있습니다.

- 식욕: 말초조직에서 분비되는 호르몬을 인식해 식욕과 포만감을 조절하는 유전자를 분석하여 식욕과 연관시켜 해석합니다.
- 단맛 민감도: 단맛을 인지하는 수용체 유전자를 분석하여 단맛에 대한 민감도를 예측합니다.

E. 개인 특성

이 검사는 유전자형에 따른 알코올 대사, 니코틴 의존성, 카페인 대사, 불면증, 수면습관, 통증 민감성 등과 같은 개인 특성을 분석합니다. 개인의 유전자형에 따라 각 항목별 결과를 몇 가지 단계로 제시하고, 이에 따른 식이 및 생활 습관에 대한 정보를 제공하기도 합니다.

예를 들어 '불면증 위험도가 높음'의 결과는 해당 유전자형을 가진 사람들이 다른 유전자형인 사람들에 비해 숙면을 취하지 못할 가능성이 높다는 것을 의미합니다. 그러나 유전적 요인 외에도 불면을 초래하는 다양한 환경적 요인이 있으므로 개인마다 다를 수 있습니다.

- 알코올 대사: 알코올은 체내에서 효소작용에 의해 분해되는데, 이 분해 효소의 기능이 유전적으로 저하 또는 결핍되어 있는지를 분석하여 알코올 대사 능력을 예측할 수 있습니다.
- 와인선호도: 단맛, 신맛, 쓴맛, 떫은맛과 알코올에 대한 민감도 유전자를 분석하여, 와인에 대한 선호도를 예측하는 항목입니다.
- 수면습관/시간: 수면 형질과 관련된 호르몬이나 대사에 관한 유전자를 분석하여, 수면의 효율 또는 지속시간에 대한 유전적 요인을 분석하는 항목입니다.
- 아침형/저녁형 인간: 생체리듬 조절 또는 각성 및 수면 관련 유전자를 분석하여 개인별로 적합한 활동 시간대(아침/저녁)를 예측하는 항목입니다.

F. 건강관리

이 검사는 퇴행성 관절염증 감수성, 멀미, 비만, 요산치, 중성지방농도, 체지방률, 체질량지수, 콜레스테롤, 혈당, 혈압과 같은 건강관리와 관련된 유전 정보를 분석하여, 유전자형에 따른 건강관리 방법에 대한 정보를 제공합니다. '퇴행성 관절염증의 감수성이 높다'는 결과가 반드시 퇴행성 관절염증이 발병한다는 의미는 아니며, '멀미 위험도가 낮다'는 결과가 반드시 멀미를 하지 않는다는 의미는 아닙니다.

- 퇴행성 관절염증 감수성: 퇴행성 관절염증은 관절연골의 변성과 소실로 인해 발생하는데, 관절연골의 분화와 증식에 관여하는 유전자를 분석하여 감수성을 예측합니다.
- 혈압: 혈압상승 위험도를 예측하는 항목으로 나트륨과 같은 전해질 농도조절, 콜레스테롤 조절, 혈관 확장 및 심혈관 세포의 성장 및 분화 등과 관련된 유전적 요인을 혈압과 연관시켜 분석합니다.

G. 혈통

유전적 혈통 분석은, 주변 친척이나 역사적 문서를 통해 알 수 있는 것 이상을 찾아보는 방법입니다. 유전적 혈통 검사를 함으로써 자신의 유전자가 어디서부터 왔는지를 추정해보게 됩니다. 특정 지역 사람들에게 흔하게 발견되는 유전자형을 이용하여 분석이 이루어지며, 나의 유전자 속에 한국인 · 중국인 · 일본인 · 아메리카 인디언 등의 유전적 특성이 얼마나 어떻게 구성되어 있는지 % 수치로 알 수 있습니다.

단, 유전적 혈통 분석은 몇 가지 한계를 가지고 있는데, 각 회사는 개인의 검사 결과를 회사가 가지고 있는 기존 데이터베이스와 비교하여 계산합니다. 그렇기 때문에 어떤 데이터베이스와 유전자형을 분석에 사용하였는지에 따라 결과에 차이가 생길 수 있습니다. 따라서 혈통 분석 결과가 형제나 자매 등의 가족에서도 약간 다른 결과를 받을 수 있으며, 또한 대부분의 인류는 역사를 통해 이주와 혼합을 반복해왔기 때문에 유전자 검사에 기초한 인종 추정치는 개인의 기대와 다를 수 있음을 알아두는 것이 중요합니다.

8. DTC 유전자 검사 결과지 용어의 이해

유전자gene란?

유전자는 부모가 자식에게 부모의 특징을 물려주는 유전 정보의 최소 단위입니다. 사람의 몸은 수많은 세포로 구성되어 있습니다. 유전자는 세포의 핵에 들어있는 염색체에 위치해 있습니다. 개인은 46개(23쌍) 염색체의 각 쌍에 대해 어머니로부터 하나와 아버지로부터 하나의 염색체를 받게 되어, 개인의 고유한 조합을 가지게 됩니다.

유전율heritability이란?

유전율은 유전자의 차이가 특성의 차이를 얼마나 잘 설명하는지에 대한 척도입니다. 특성은 키, 눈동자의 색 등을 포함하여 건강과 관련된 여러 특징을 포함합니다. 통계적으로는 유전적 요인이 표현형(특성)에 얼마나 기여하는지를 H2라는 지수로 설명하는데, 이 값이 높을수록 유전자가 특성에 기여하는 비중이 높다는 뜻입니다. 반대로 낮을수록 생활 습관을 어떻게 관리하느냐에 따라 특성의 변화가 나타날 가능성이 높다는 것을 의미합니다.

오즈비Odds ratio란?

오즈Odds는 어떤 사건이 발생할 확률과 발생하지 않을 확률의 비로 정의되며, 오즈비란 유전자형에 따라 표현형(특성)이 나타날 오즈의 비를 뜻합니다. 예를 들어, 특정 유전자형을 가진 사람의 탈모에 대한 오즈비가 2라는 의미는 해당 유전자형을 가진 사람이 가지지 않은 사람에 비해 탈모가 2배 높게 나타난다는 뜻으로 해석할 수 있습니다.

상대위험도Relative risk

특정 유전자형을 가진 경우 표현형(특성)이 발생할 확률과 해당 유전자형이 아닌 경우 표현형이 발생할 확률의 비로 상대위험도가 클수록 연관성이 크다고 생각할 수 있습니다.

다중유전자위험점수Polygenic risk score

대부분의 표현형(특성)은 다양한 유전자형이 종합적으로 영향을 미치므로 이를 조합한 점수를 통하여 영향을 예측하는 방법입니다.

9. DTC 결과의 이해 예시

DTC 유전자 검사 결과를 잘 이해하여 자신의 건강을 더 주의 깊게 관리하고 유익한 생활 습관을 갖도록 노력한다면 건강 증진에 도움이 될 것입니다. 그러나, DTC 유전자 검사는 질병을 진단 또는 치료하기 위한 목적이 아니므로 자신의 검사 결과를 해석할 때 이러한 한계점을 인지하는 것이 중요합니다. 검사에 대해 궁금한 점은 반드시 회사에 문의하여 확인하고 의학적인 내용은 의사와 상담하시기 바랍니다.

	올바른 이해	잘못된 이해
영양소	비타민 D 농도 낮음으로 결과를 받은 한 그루 님은 비타민 D 농도 검사를 하고 낮에 햇볕을 받기 위해 산책을 시작하였습니다.	아연 농도 낮음으로 결과를 받은 저아연 님은 의사와 상담없이 아연이 포함된 영양제를 해외직구로 구입하여 일일 권장량의 두 배를 복용하였습니다.
운동	농구선수인 강백호 님은 자신의 발목 부상 위험도가 일반인에 비해 높다는 결과를 보고, 관련 근육에 대한 보강 운동 및 관리를 더 철저히 하여야겠다고 생각했습니다.	육상 선수 지망생인 이하니 님은 자신의 단거리 질주 능력이 일반인에 비해 낮다는 결과를 보고, 진로를 변경하는 것이 좋겠다고 판단했습니다.
피부 · 모발	탈모 위험도 높음으로 결과를 받은 김포비 님은 탈모에 대해 검색하여 모발에 좋지 않은 영향을 주는 환경과 습관을 알아보았습니다.	평소에 외모에 관심이 많은 김미용 씨는 자신의 검사 결과 피부 노화가 쉽게 진행되는 유전형이라는 결과를 보고, 매우 스트레스를 받고 우울함을 느꼈습니다.
식습관	짠맛 민감도 낮음의 결과를 받은 한미각 님은 평소 좋아하는 음식의 염분을 확인하면서 짜게 먹지 않도록 조절하고 있습니다.	식욕 유전자의 위험도 높음의 결과를 받은 신자두 님은 본인이 비만인 원인이 유전적인 요인이라 변경할 수 없다고 판단하였습니다.
개인 특성	비금연을 계획 중이던 김애연 님은 자신의 검사 결과 니코틴 의존성이 높은 유전형이라는 결과를 보고, 전문가의 도움이 필요할 것으로 생각하고 금연클리닉을 찾았습니다.	금연을 계획 중이던 최기연 님은 자신의 검사 결과 니코틴 의존성이 높은 유전형이라는 결과를 보고, 금연이 불가능할 것이라고 생각하고 금연을 포기하였습니다.

건강관리	콜레스테롤이나 중성 지방에 대해 고위험도의 결과를 받은 고지방 님은 식습관을 개선하여 지방 섭취를 줄이고 규칙적인 운동을 시작하였습니다.	콜레스테롤이나 중성 지방에 대해 저위험도의 결과를 받은 나괜찮 님은 매년 하던 건강검진을 중단해도 되겠다고 생각했습니다.
혈통	이배달 님은 다른 회사 제품으로 검사한 동생의 혈통 검사 결과와 비교해보고 회사간 결과가 다를 수 있다는 안내 문구를 참고했습니다.	나혼자 님은 다른 회사 제품으로 검사한 동생의 혈통 검사 결과와 비교해 보고 인종 구성 비율이 달라 큰 충격을 받았습니다.

10. 불법 유전자 검사 시행 기관에 대한 신고 정보

신고되지 않은 해외 검사 기관을 통해 검사를 의뢰하는 경우, 검사 결과를 보험가입 등에 활용하는 경우, 허용되지 않는 질병 유전자 검사를 DTC로 가능하다고 홍보할 경우, 미성년자에게 직접 검사를 홍보하고 판촉하는 경우에 아래 연락처로 신고하여 주시기 바랍니다.

① 우편: 질병관리본부 생명과학연구관리과
  (우: 28160) 충북 청주시 흥덕구 오송읍 오송생명2로 202,
  질병관리본부 생명과학연구관리과 담당자
② 이메일: jmk79@korea.kr, ksh10647@korea.kr
③ 전화: 043-249-3084(김종무 선임연구원),
  043-249-3078(강성현 연구관)

참고1. DTC 유전자 검사 신고기관 목록(2019년 말 신고기준)

연번	신고번호	기관 신고일자	DTC 서비스 신고일	기관명
1	3	2005. 01. 24	2016. 07. 20	㈜다우진 유전자 연구소
2	9	2005. 02. 02	2016. 07. 11	㈜디엔에이링크
3	23	2005. 02. 14	2016. 09. 13	㈜랩지노믹스*
4	36	2005. 02. 28	2016. 07. 11	㈜에스엔피제네틱스
5	40	2005. 03. 04	2018. 08. 01	솔젠트㈜
6	47	2005. 03. 11	2016. 07. 11	㈜마크로젠*
7	85	2005. 04. 20	2017. 03. 13	㈜바이오코아
8	152	2006. 02. 27	2018. 08. 28	㈜캔서롭
9	188	2008. 04. 02	2016. 07. 11	㈜다이오진
10	193	2008. 11. 04	2019. 10. 17	한국디엔에이밸리
11	210	2009. 11. 18	2016. 08. 30	㈜한국유전자정보연구원
12	215	2010. 06. 24	2016. 07. 11	㈜테라젠이텍스*
13	248	2013. 04. 17	2016. 07. 15	㈜메디젠휴먼케어
14	252	2013. 07. 15	2016. 07. 20	㈜녹십자지놈
15	259	2014. 06. 17	2016. 07. 11	이원다이애그노믹스㈜*
16	270	2015. 07. 07	2016. 07. 19	랩포유
17	277	2016. 04. 06	2017. 02. 27	㈜와이디생명과학
18	280	2016. 06. 22	2016. 08. 12	㈜한국디엔에이뱅크
19	281	2016. 06. 24	2017. 01. 16	㈜클리노믹스
20	285	2016. 07. 27	2016. 07. 27	제노플랜코리아㈜
21	286	2016. 07. 27	2016. 09. 19	㈜엔젠바이오
22	288	2016. 09. 19	2016. 09. 19	크로마흐㈜
23	290	2016. 11. 04	2016. 11. 04	㈜엘에이에스
24	292	2016. 12. 08	2016. 12. 08	㈜한젠
25	294	2017. 02. 13	2017. 02. 13	㈜진캐스트
26	296	2017. 03. 03	2017. 03. 03	더젠바이오㈜

27	297	2017. 03. 09	2017. 03. 09	㈜바이오니아
28	298	2017. 03. 13	2017. 03. 13	㈜지엔시바이오
29	305	2017. 07. 12	2017. 10. 11	커넥타젠㈜
30	308	2017. 09. 12	2017. 11. 27	㈜에스씨엘헬스케어
31	309	2017. 10. 31	2017. 10. 31	㈜이롬(의왕지점)
32	317	2018. 03. 28	2018. 06. 21	㈜에이치피바이오연구소
33	321	2018. 07. 10	2018. 11. 08	㈜힐릭스코 울산지점
34	322	2018. 08. 01	2018. 08. 01	LG생활건강마곡SP연구소
35	323	2018. 07. 30	2019. 02. 27	지니너스
36	324	2018. 08. 16	2018. 08. 16	㈜큐브메디컬
37	325	2018. 08. 21	2018. 08. 21	㈜조앤김 지노믹스
38	327	2018. 09. 06	2018. 09. 06	예준바이오
39	329	2018. 09. 13	2018. 09. 13	㈜제노텍
40	330	2018. 10. 05	2018. 10. 05	에이치앤비지노믹스㈜
41	332	2018. 12. 24	2018. 12. 24	㈜에이투젠
42	336	2019. 02. 15	2019. 02. 15	㈜비에프생명과학
43	339	2019. 03. 14	2019. 03. 14	㈜비비에이치씨
44	341	2019. 03. 26	2019. 03. 26	㈜메디클라우드
45	346	2019. 05. 09	2019. 05. 09	㈜아이원바이오
46	348	2019. 06. 18	2019. 06. 18	㈜원오믹스
47	349	2019. 06. 28	2019. 06. 28	피씨엘㈜ (문정지점)
48	356	2019. 09. 09	2019. 09. 09	㈜덴오믹스 서울지사
49	359	2019. 10. 01	2019. 10. 01	㈜한국의과학연구원
50	361	2019. 10. 29	2019. 10. 29	㈜미젠스토리
51	362	2019. 12. 19	2019. 12. 19	㈜메타포뮬러
52	363	2019. 12. 23	2019. 12. 23	㈜한스파마

*19년 1차 시범사업 결과 질관리 평가 통과되어 56항목 일부에 대해서 검사가능한 기관

참고2. DTC 유전자 검사 허용 고시 전문

보건복지부 고시 제2020-35호

의료기관이 아닌 유전자 검사 기관이
직접 실시할 수 있는 유전자 검사 항목에 관한 규정

제정 고시 제2016-97호(2016.6.20. 제정, 2016.6.30. 시행)
개정 고시 제2020-35호(2020.2.14. 개정, 2020.2.17. 시행)

1. 의료기관이 아닌 유전자 검사 기관이 검체수집, 검사, 검사 결과
   분석 및 검사 결과 전달 등을 소비자 대상으로 직접 수행하여 실시
   할 수 있는 유전자 검사(이하 '소비자 대상 직접 유전자 검사'라 한다)의 범
   위는 다음 각 목과 같다.

   가. FTO, MC4R, BDNF 유전자에 의한 체질량지수 유전자 검사

   나. GCKR, DOCK7, ANGPTL3, BAZ1B, TBL2, MLXIPL, LOC105375745,
      TRIB1 유전자에 의한 중성지방농도 유전자 검사

   다. CELSR2, SORT1, HMGCR, ABO, ABCA1, MYL2, LIPG, CETP 유전자에 의
      한 콜레스테롤 유전자 검사

   라. CDKN2A/B, G6PC2, GCK, GCKR, GLIS3, MTNR1B, DGKBTMEM195,
      SLC30A8 유전자에 의한 혈당 유전자 검사

   마. NPR3, ATP2B1, NT5C2, CSK, HECTD4, GUCY1A3, CYP17A1, FGF5 유
      전자에 의한 혈압 유전자 검사

   바. OCA2, MC1R 유전자에 의한 색소침착 유전자 검사

   사. chr20p11(rs1160312, rs2180439), IL2RA, HLA-DQB1 유전자에 의한

탈모 유전자 검사

아. EDAR 유전사에 의한 모발굵기 유전자 검사

자. AGER 유전자에 의한 피부노화 유전자 검사

차. 〈삭제〉

카. SLC23A1(SVCT1) 유전자에 의한 비타민C 농도 유전자 검사

타. AHR, CYP1A1-CYP1A2 유전자에 의한 카페인대사 유전자 검사

2. 제1호에도 불구하고 소비자 직접 유전자 검사의 제공에 필요한 시설·인력을 포함한 검사 서비스 전반에 대한 질관리 및 검사의 정확도 등에 대해 보건복지부장관이 인정한 기관 및 그 기관에서 추가로 실시할 수 있는 소비자 대상 직접 유전자 검사의 범위는 별표와 같다.

3. 제1호자목부터 타목까지의 유전자 검사와 제2호에 따라 실시할 수 있는 소비자 대상 직접 유전자 검사에 대해서는 이 고시 시행일로부터 2년 후 그 검사의 적정성 여부를 재검토하여야 한다.

4. 의료기관이 아닌 유전자 검사기관은 소비자 대상 직접 유전자 검사를 실시하는 경우 검사 결과의 한계, 과학적 근거 등을 결과지에 명시하고 검사 대상자에게 충분히 설명하여야 한다.

5. 제2호에 따른 소비자 대상 직접 유전자 검사를 미성년자 등 동의 능력이 없거나 불완전한 사람을 대상으로 실시하기 위해서는 실시가능 범위 및 모집방법 등을 포함한 실시방법 등에 대해 보건복지부 장관이 정하는 기준에 따라 수행하여야 한다.

6. 「훈령·예규 등의 발령 및 관리에 관한 규정」(대통령훈령 제334호)에

따라 이 고시 발령 후의 법령이나 현실여건의 변화 등을 검토하여 이 고시의 폐지, 개정 등의 조치를 하여야 하는 기한은 2022년 2월 28일까지로 한다.

부칙 〈제2016-97호, 2016.6.20〉
이 고시는 2016년 6월 30일부터 시행한다.

부칙 〈제2020-36호, 2020.2.14〉
이 고시는 2020년 2월 17일부터 시행한다.

보건복지부 장관이 인정한 기관 및 그 기관에서 추가로 시행할 수 있는 소비자 대상 직접 유전자 검사(제2호 관련)

	항목	검사 기관
1	비타민C농도	㈜마크로젠, ㈜이원다이애그노믹스, ㈜테라젠이텍스
2	색소침착	㈜마크로젠, ㈜이원다이애그노믹스, ㈜테라젠이텍스
3	피부노화	㈜마크로젠, ㈜이원다이애그노믹스, ㈜테라젠이텍스
4	남성형탈모	㈜마크로젠, ㈜이원다이애그노믹스, ㈜테라젠이텍스
5	모발굵기	㈜마크로젠, ㈜이원다이애그노믹스, ㈜테라젠이텍스
6	카페인대사	㈜랩지노믹스, ㈜마크로젠, ㈜이원다이애그노믹스, ㈜테라젠이텍스
7	중성지방농도	㈜마크로젠, ㈜이원다이애그노믹스, ㈜테라젠이텍스
8	체질량지수	㈜마크로젠, ㈜이원다이애그노믹스, ㈜테라젠이텍스
9	콜레스테롤	㈜마크로젠, ㈜이원다이애그노믹스, ㈜테라젠이텍스
10	혈당	㈜마크로젠, ㈜이원다이애그노믹스, ㈜테라젠이텍스
11	혈압	㈜마크로젠, ㈜이원다이애그노믹스, ㈜테라젠이텍스
12	비타민D농도	㈜랩지노믹스, ㈜마크로젠, ㈜이원다이애그노믹스, ㈜테라젠이텍스
13	코엔자임Q10농도	㈜마크로젠, ㈜테라젠이텍스
14	마그네슘농도	㈜마크로젠, ㈜이원다이애그노믹스, ㈜테라젠이텍스
15	아연농도	㈜이원다이애그노믹스, ㈜테라젠이텍스
16	철저장및농도	㈜마크로젠, ㈜이원다이애그노믹스, ㈜테라젠이텍스
17	칼륨농도	㈜이원다이애그노믹스, ㈜테라젠이텍스
18	칼슘농도	㈜마크로젠, ㈜이원다이애그노믹스, ㈜테라젠이텍스
19	아르기닌농도	㈜이원다이애그노믹스, ㈜테라젠이텍스
20	지방산농도	㈜마크로젠, ㈜이원다이애그노믹스, ㈜테라젠이텍스
21	근력운동적합성	㈜랩지노믹스, ㈜마크로젠, ㈜이원다이애그노믹스, ㈜테라젠이텍스
22	유산소운동적합성	㈜이원다이애그노믹스, ㈜테라젠이텍스

23	지구력운동적합성	㈜랩지노믹스, ㈜마크로젠, ㈜이원다이애그노믹스, ㈜테라젠이텍스
24	근육발달능력	㈜이원다이애그노믹스, ㈜테라젠이텍스
25	단거리질주능력	㈜이원다이애그노믹스, ㈜테라젠이텍스
26	발목부상위험도	㈜테라젠이텍스
27	악력	㈜이원다이애그노믹스, ㈜테라젠이텍스
28	운동 후 회복능력	㈜랩지노믹스, ㈜마크로젠, ㈜이원다이애그노믹스, ㈜테라젠이텍스
29	기미/주근깨	㈜이원다이애그노믹스, ㈜테라젠이텍스
30	여드름발생	㈜이원다이애그노믹스, ㈜테라젠이텍스
31	피부염증	㈜이원다이애그노믹스, ㈜테라젠이텍스
32	태양노출후태닝반응	㈜이원다이애그노믹스, ㈜테라젠이텍스
33	튼살/각질	㈜이원다이애그노믹스, ㈜테라젠이텍스
34	원형탈모	㈜마크로젠, ㈜이원다이애그노믹스, ㈜테라젠이텍스
35	식욕	㈜랩지노믹스, ㈜마크로젠, ㈜이원다이애그노믹스, ㈜테라젠이텍스
36	포만감	㈜랩지노믹스, ㈜마크로젠, ㈜이원다이애그노믹스, ㈜테라젠이텍스
37	단맛민감도	㈜랩지노믹스, ㈜이원다이애그노믹스, ㈜테라젠이텍스
38	쓴맛민감도	㈜랩지노믹스, ㈜마크로젠, ㈜이원다이애그노믹스, ㈜테라젠이텍스
39	짠맛민감도	㈜이원다이애그노믹스, ㈜테라젠이텍스
40	알코올대사	㈜이원다이애그노믹스, ㈜테라젠이텍스
41	알코올의존성	㈜이원다이애그노믹스, ㈜테라젠이텍스
42	알코올홍조	㈜마크로젠, ㈜이원다이애그노믹스, ㈜테라젠이텍스
43	와인선호도	㈜이원다이애그노믹스, ㈜테라젠이텍스
44	니코틴대사	㈜이원다이애그노믹스, ㈜테라젠이텍스
45	니코틴의존성	㈜마크로젠, ㈜이원다이애그노믹스, ㈜테라젠이텍스
46	카페인의존성	㈜이원다이애그노믹스, ㈜테라젠이텍스
47	불면증	㈜이원다이애그노믹스, ㈜테라젠이텍스

48	수면습관/시간	㈜이원다이애그노믹스, ㈜테라젠이텍스
49	아침형,저녁형인간	㈜이원다이애그노믹스, ㈜테라젠이텍스
50	통증민감성	㈜이원다이애그노믹스, ㈜테라젠이텍스
51	퇴행성관절염증감수성	㈜이원다이애그노믹스, ㈜테라젠이텍스
52	멀미	㈜이원다이애그노믹스, ㈜테라젠이텍스
53	비만	㈜랩지노믹스, ㈜마크로젠, ㈜이원다이애그노믹스, ㈜테라젠이텍스
54	체지방율	㈜이원다이애그노믹스, ㈜테라젠이텍스
55	요산치	㈜이원다이애그노믹스, ㈜테라젠이텍스
56	조상찾기	㈜이원다이애그노믹스

*1~11은 제1호에 따라 허용된 항목-유전자와 중복되나,
제2호(1~56)에서는 항목만 제시하고 유전자를 제한하지 않음